全国中等医药卫生职业教育“十二五”规划教材

生 物 化 学

（供医学检验技术专业用）

主　编　王志宏（哈尔滨市卫生学校）
副主编　王淑芳（牡丹江市卫生学校）
　　　　李平国（黄山职业技术学院）
编　委　（以姓氏笔画为序）
　　　　王达菲（郑州市卫生学校）
　　　　王志宏（哈尔滨市卫生学校）
　　　　王淑芳（牡丹江市卫生学校）
　　　　乔　梅（珠海市卫生学校）
　　　　刘庆春（南阳医学高等专科学校）
　　　　李平国（黄山职业技术学院）
　　　　杜建红（山西药科职业学院）
　　　　何　丹（四川中医药高等专科学校）
　　　　袁国明（哈尔滨市第一医院）

中国中医药出版社
·北　京·

图书在版编目（CIP）数据

生物化学/王志宏主编．—北京：中国中医药出版社，2013.8（2022.1重印）
全国中等医药卫生职业教育“十二五”规划教材
ISBN 978－7－5132－1510－7

Ⅰ.①生… Ⅱ.①王… Ⅲ.①生物化学－中等专业学校－教材 Ⅳ.①Q5

中国版本图书馆 CIP 数据核字（2013）第 131276 号

中 国 中 医 药 出 版 社 出 版
北京经济技术开发区科创十三街 31 号院二区 8 号楼
邮政编码 100176
传真 010 64405721
山东百润本色印刷有限公司印刷
各地新华书店经销
*
开本 787×1092 1/16 印张 9 字数 198 千字
2013 年 8 月第 1 版 2022 年 1 月第 4 次印刷
书 号 ISBN 978－7－5132－1510－7
*
定价 25.00 元
网址 www.cptcm.com

如有印装质量问题请与本社出版部调换（010 64405510）

服务热线 010 64405510
购书热线 010 64065415 010 64065413
书店网址 csln.net/qksd/
官方微博 http://e.weibo.com/cptcm

全国中等医药卫生职业教育“十二五”规划教材
专家指导委员会

前　言

"全国中等医药卫生职业教育'十二五'规划教材"由中国职业技术教育学会教材工作委员会中等医药卫生职业教育教材建设研究会组织，全国120余所高等和中等医药卫生院校及相关医院、医药企业联合编写，中国中医药出版社出版。主要供全国中等医药卫生职业学校护理、助产、药剂、医学检验技术、口腔修复工艺专业使用。

《国家中长期教育改革和发展规划纲要（2010－2020年）》中明确提出，要大力发展职业教育，并将职业教育纳入经济社会发展和产业发展规划，使之成为推动经济发展、促进就业、改善民生、解决"三农"问题的重要途径。中等职业教育旨在满足社会对高素质劳动者和技能型人才的需求，其教材是教学的依据，在人才培养上具有举足轻重的作用。为了更好地适应我国医药卫生体制改革，适应中等医药卫生职业教育的教学发展和需求，体现国家对中等职业教育的最新教学要求，突出中等医药卫生职业教育的特色，中国职业技术教育学会教材工作委员会中等医药卫生职业教育教材建设研究会精心组织并完成了系列教材的建设工作。

本系列教材采用了"政府指导、学会主办、院校联办、出版社协办"的建设机制。2011年，在教育部宏观指导下，成立了中国职业技术教育学会教材工作委员会中等医药卫生职业教育教材建设研究会，将办公室设在中国中医药出版社，于同年即开展了系列规划教材的规划、组织工作。通过广泛调研、全国范围内主编遴选，历时近2年的时间，经过主编会议、全体编委会议、定稿会议，在700多位编者的共同努力下，完成了5个专业61本规划教材的编写工作。

本系列教材具有以下特点：

1. 以学生为中心，强调以就业为导向、以能力为本位、以岗位需求为标准的原则，按照技能型、服务型高素质劳动者的培养目标进行编写，体现"工学结合"的人才培养模式。

2. 教材内容充分体现中等医药卫生职业教育的特色，以教育部新的教学指导意见为纲领，注重针对性、适用性以及实用性，贴近学生、贴近岗位、贴近社会，符合中职教学实际。

3. 强化质量意识、精品意识，从教材内容结构、知识点、规范化、标准化、编写技巧、语言文字等方面加以改革，具备"精品教材"特质。

4. 教材内容与教学大纲一致，教材内容涵盖资格考试全部内容及所有考试要求的知识点，注重满足学生获得"双证书"及相关工作岗位需求，以利于学生就业，突出中等医药卫生职业教育的要求。

5. 创新教材呈现形式，图文并茂，版式设计新颖、活泼，符合中职学生认知规律及特点，以利于增强学习兴趣。

6. 配有相应的教学大纲，指导教与学，相关内容可在中国中医药出版社网站

（www. cptcm. com）上进行下载。本系列教材在编写过程中得到了教育部、中国职业技术教育学会教材工作委员会有关领导以及各院校的大力支持和高度关注，我们衷心希望本系列规划教材能在相关课程的教学中发挥积极的作用，通过教学实践的检验不断改进和完善。敬请各教学单位、教学人员以及广大学生多提宝贵意见，以便再版时予以修正，使教材质量不断提升。

中等医药卫生职业教育教材建设研究会
中国中医药出版社
2013 年 7 月

编写说明

本教材是中等医药卫生职业教育“十二五”规划教划之一，以《全国中等卫生职业教育教学计划和教学大纲汇编》为依据编写。在教材编写过程中充分考虑到学生的知识结构和文化课基础，力求体现中等职业教育的特色，增强学生自主学习的能力，提高学生的学习兴趣，突出实用性。本教材有以下三个特点：

1. 体现以学生为中心的思想。编者们根据自己多年从事生物化学教学的经验和体会，针对目前学生的知识水平，降低教材知识的难度，构建简明的结构体系。减少了大量的分子结构式的出现，尽量用文字、箭头、图表的直观表达方法，力求简单明了，便于学生掌握。

2. 体现以能力为本位的宗旨。打破传统的“专业课程体系的整体化”，遵循“不求完整，但求够用”的基本原则，理论阐述深入浅出，提高学生运用本学科的基础理论和基本方法解决实际问题的能力。

3. 体现以岗位需求为标准的原则。例如，在第三章“酶与维生素”中增加了“常用的血清酶学检验”一节，同时注重临床医学检验的有关内容和相关数据在基础理论叙述中的渗透，拓宽学生的视野，贴近临床实际，符合职业岗位需求。

本教材由医学院校的生化教师和临床医院的检验师共同编写，希望本教材能够帮助学生改善学习方式，提高学习效率，成为技能型、服务型高素质劳动者。由于编者水平有限，书中难免有误，敬请同行专家及使用者提出宝贵意见，以便再版时修订提高。

《生物化学》编委会

2013 年 5 月

目　录

第六章 脂类代谢

第七章 氨基酸与核苷酸的代谢

第八章 肝脏生物化学

第九章 水盐代谢

第十章 酸碱平衡

实验

第一章 绪 论

知识要点

了解生物化学的概念、主要研究内容及与医学的关系。

自古以来，人类在不断探索生命的奥秘。生物化学作为一门生命科学领域最前沿的学科，在人类社会的各个领域中发挥着日益重要的作用。医用生物化学是医学各专业学科的基础课，主要研究人体内的化学变化规律及其与生理功能的关系，从而揭示生命现象的本质。

一、生物化学的概念及发展

（一）生物化学的概念及研究对象

生物化学是运用化学的理论和方法，研究生物体的化学组成及化学变化规律的科学。由于生物化学是在分子水平上探讨生命现象的本质，阐明生物体内所发生的一切化学变化及其与生命活动的关系，因此，生物化学就是生命的化学。

生物化学研究的对象是自然界所有的生物体，包括动物、植物和微生物。在医学领域中，生物化学的研究对象是人体。它不仅利用化学的理论和方法，而且还结合生物学、生理学、遗传学、免疫学等学科的理论和技术。微生物和实验动物常被作为研究对象，其目的是通过实验结果以获取大量与人体生物分子有关的知识，生物化学的许多研究成果来自于动物实验。

（二）生物化学的发展

生物化学是在有机化学和生理学的基础上建立和发展起来。生物化学的研究始于18世纪，最初称为生理化学，1903年，德国化学家纽堡（Carl. A. Neuberg）首先使用“生物化学”这个名词，使生物化学成为一门独立的学科。

生物化学首先在德国，继而在法国、英国、美国、俄罗斯和日本等国家发展。20世纪是生物化学突飞猛进发展的黄金时代，生物化学的两个重要突破是推动生物化学飞速发展的主要因素。一个是19世纪末和20世纪初生物科学家将酶的作用机理理解为生物反应的催化剂；另一个是1953年美国生物学家沃森（J. Watson）和英国物理学家克里克（F. Crick）共同提出了DNA分子双螺旋结构模型，被科学界公认为是20世纪最大的科学发现之一。20世纪70年代，重组DNA技术获得成功，从此开创了基因工程，并利用这一技术先后成功地制造了生长激素释放抑制激素、胰岛素、干扰素、生长激素等。美国从1990年开始实施“人类基因组计划”，这是生命科学史上最庞大的全球性研究计划，其研究成果进一步加深了人们对生命本质的认识，使医学研究从细胞水平深入到分子水平。随着人类基因组计划的完成，人类基因组的全部序列已经确定，这是生命科学领域的又一个里程碑。

中国生物化学诞生于20世纪20年代，对中国生物化学影响最大的人是协和医院的吴宪（1893－1959），他提出了“蛋白质变性说”。1965年，我国人工合成结晶牛胰岛素，并证明它与天然胰岛素具有相同的结构和生物活性，随后又人工合成酵母丙氨酸转移核糖核酸。1999年，我国参与国际人类基因组计划（HGP），2003年成功绘制人类基因组测序“中国卷”和水稻基因图谱。

知识链接

人类基因组计划

人类基因组计划（human genome project，HGP）是美国科学家诺贝尔奖获得者杜伯克首先提出的，美国政府于1990年正式启动，预计投资30亿美元。由美、英、法、德、日本和我国科学家共同参与的这一计划，旨在为30多亿个碱基对构成的人类基因组精确测序，发现人类所有基因，破译人类全部遗传信息。这一研究将在基因诊断、生物芯片、基因治疗、克隆技术、生物信息产业等方面起着积极的推动作用。人类基因组计划与曼哈顿原子弹计划和阿波罗计划并称为三大科学计划。

二、生物化学研究内容

（一）生物体的化学组成及结构

细胞是组成组织器官的基本单位，每个细胞中又包含着许许多多的化学分子。人体的基本化学组成成分包括蛋白质、核酸、脂类、糖等有机物及水、无机盐等无机物。其中蛋白质、核酸、多糖及复合脂类是存在于生物体内的分子量大、结构复杂的分子，它们都是由各自的基本结构单位按一定顺序和方式连接形成的多聚体，称为生物大分子。蛋白质和核酸是对生命活动起着关键性作用的主要生物大分子，在生命活动中发挥着重要的生理作用。

生物体的化学组成物质发挥着不同的作用。以蛋白质为例，人体蛋白质的种类有十万余种，不同的蛋白质有着不同的结构，体现不同的功能，因此也就构成了千差万别、种类繁多的生命现象。由于生物大分子蕴藏着各种信息，它们之间相互识别和相互作用，在基因信息的表达、传递与调控中发挥着重要的作用，因此，生物大分子的分子结构、分子识别和分子间的相互作用是当今生物化学的研究热点之一。

（二）新陈代谢及其调节

组成生物体的物质不断地进行着多种有规律的化学变化，即新陈代谢。新陈代谢是生物体的基本特征之一，包括物质代谢和能量代谢。生物体在生命过程中不断地与外界环境进行物质交换，摄入营养素，排出代谢废物，为生命活动提供能量，维持生命。这是生物体更新的过程，是生长、发育、繁殖等生命活动的基础。物质代谢发生紊乱时，则可引起疾病，体内这些化学反应一旦停止，生命即告终结。

物质代谢是成千上万个错综复杂化学变化的总和，要维持体内代谢有序地进行，生物体需要具有高度的自我调控能力和严格的调节机制。物质代谢中的绝大部分化学反应是酶催化的，酶结构和酶含量的变化对物质代谢起着重要的调节作用，同时又与体内的神经、激素等多种调节密切相关。因此，研究物质代谢、能量代谢及代谢调节规律是生物化学的重要内容。

（三）遗传信息传递及调控

生物体的遗传性状能够稳定地传给后代，是通过遗传信息的传递来体现的，这种传递包括基因的遗传和基因的表达两个方面。DNA 是遗传信息的载体，其分子中的碱基排列顺序贮存着遗传信息，即基因。遗传信息的传递和表达，包括 DNA 的复制、RNA 的转录、蛋白质的生物合成及其调控，遵循遗传的中心法则。遗传信息的表达主要是通过蛋白质的功能来体现的，因此可以说蛋白质是生命活动的执行者。

研究基因信息的传递与调控，在生命科学中具有重要的作用，可以解释生物遗传、变异、生长、分化等诸多生命现象及阐明遗传性疾病、恶性肿瘤、心血管病的发生发展及诊断治疗。在基因水平上对人类的疾病进行诊断和治疗，是人类医学研究的终极目标。

三、生物化学与医学

生物化学的理论和技术已经渗透到基础医学和临床医学的各个领域，并产生了许多新兴的交叉学科，如分子遗传学、分子免疫学、分子微生物学、分子病理学、分子药理学等。生物化学的理论和方法与临床实践的结合，产生了医学生物化学的许多领域，如：研究生理功能失调与代谢紊乱的病理生物化学，以酶的活性、激素的作用与代谢途径为中心的生化药理学，与器官移植和疫苗研制有关的免疫生物化学等。

近几年，随着生物化学的蓬勃发展，生物化学的理论和技术在临床医学中的应用也越来越广泛，从分子水平上探讨各种疾病的病因、诊断及疾病的预防和治疗，已经成为现代医学研究的共同目标。尤其是恶性肿瘤、心血管疾病、遗传性疾病、神经系统疾病、免疫性疾病等重大疾病的发病机理分子水平的研究及早期诊断及治疗，都依赖于生物化学的理论和技术的新发展，分子生物学理论和技术的发展，重组 DNA 技术、基因诊断与基因治疗、聚合酶链反应（PCR）等技术在医学领域中的应用，人类基因组计划的实施，都表明了生物化学现已逐步成为生命科学的共同语言和领军学科，在医学领域中发挥着重要的作用。

同步训练

1. 解释生物化学的概念。
2. 生物化学的主要研究内容有______、______、______。

第二章　蛋白质与核酸化学

知识要点

掌握蛋白质及核酸的分子组成；熟悉蛋白质及核酸的分子结构；熟悉蛋白质的理化性质与分类；了解蛋白质结构与功能之间的关系及核酸的理化性质及功能。

蛋白质和核酸是生物体内主要的生物大分子，在生命活动中起着很重要的作用。蛋白质是生命的物质基础，从低等的微生物到高等的动、植物，从最简单的病毒到复杂的人类，都含有蛋白质。蛋白质也是生命活动的体现者，具有参与人体的结构组成、催化细胞内的化学反应、调节物质代谢、运输营养物质和代谢产物、参与肌肉收缩和运动、保护和免疫等生理功能。核酸是遗传的物质基础，决定着遗传信息的传递。因此，蛋白质与核酸在生物体的生长发育、繁殖、遗传和变异等方面起着重要的作用。

第一节　蛋白质化学

一、蛋白质的分子组成

（一）蛋白质的元素组成

蛋白质所含的主要元素有碳、氢、氧、氮，有的蛋白质还含有少量的硫及微量的磷、铁、碘、铜等。

大多数蛋白质中氮的含量较恒定，平均为16%，即每100g蛋白质中含16g氮，因此可通过测定生物样品中的氮含量来推测或计算蛋白质的含量，即每测得1g氮相当于6.25g蛋白质。

$$蛋白质的含量 = 样品所测含氮克数 \times 6.25$$

知识链接

食物蛋白质含量的测定

在食品分析中通常用“凯氏定氮法”，先测得样品的含氮量后，再乘以6.25可换算出样品中蛋白质的含量。这种以“氮含量来推测蛋白质含量”的检测方法，给不法商家提供了可乘之机。他们用三聚氰胺作食品添加剂，以提升食品检测中的蛋白质含量指标。但这些有机氮对人体是有害的，长期食用会造成生殖和泌尿系统的损害。2008年出现的“三鹿”牌婴幼儿奶粉中毒事件，就是在劣质奶粉中的添加了氮元素含量很高的“三聚氰胺”来蒙混过关，获取高额利润。婴幼儿食用这样的奶粉会引起泌尿系统结石。

（二）蛋白质的基本组成单位——氨基酸

1. 氨基酸的结构特点

氨基酸是组成蛋白质的基本单位，蛋白质在酸、碱或蛋白酶的作用下，可彻底水解生成氨基酸。组成人体蛋白质的氨基酸有20种（表2-1），它们在结构上都有共同的结构特征：

（1）每个氨基酸分子的α碳原子上都结合一个氨基（脯氨酸含亚氨基）、一个羧基、一个氢原子和一个R侧链。各种氨基酸的差别就在于其R侧链的结构不同。

（2）除甘氨酸外，其他氨基酸的α碳原子都是不对称碳原子，因此具有旋光性。天然的氨基酸一般为L型的，D型氨基酸一般不能为生物利用。

氨基酸的结构通式：

$$\begin{array}{c} \text{H} \\ | \\ \text{R—C—COOH} \\ | \\ \text{NH}_2 \end{array}$$

2. 氨基酸的分类

氨基酸分类的方法有多种，目前常以氨基酸的R侧链的结构和性质作为氨基酸分类的基础，将氨基酸分为四类：①非极性疏水性氨基酸。②极性中性氨基酸。③酸性氨基酸。④碱性氨基酸。（见表2-1）

表2-1 氨基酸的分类

名称	英文简写	结构式	等电点（pI）
1. 非极性疏水性氨基酸			
甘氨酸	Gly	$\begin{array}{l}\text{H—CH—COOH} \\ \quad\;\;\, | \\ \quad\;\, \text{NH}_2\end{array}$	5.97
丙氨酸	Ala	$\begin{array}{l}\text{CH}_3\text{—CH—COOH} \\ \qquad\;\;\; | \\ \qquad\;\; \text{NH}_2\end{array}$	6

续表

名称	英文简写	结构式	等电点（pI）
缬氨酸	Val	$CH_3-CH(CH_3)-CH(NH_2)-COOH$	5.96
亮氨酸	Leu	$CH_3-CH(CH_3)-CH_2-CH(NH_2)-COOH$	5.98
异亮氨酸	Ile	$CH_3-CH_2-CH(CH_3)-CH(NH_2)-COOH$	6.02
苯丙氨酸	Phe	$C_6H_5-CH_2-CH(NH_2)-COOH$	5.48
脯氨酸	Pro	$H_2C<(CH_2-CH(COOH))(CH_2-NH)$（环状）	6.3
2. 极性中性氨基酸			
色氨酸	Trp	吲哚基$-CH_2-CH(NH_2)-COOH$	5.89
丝氨酸	Ser	$HO-CH_2-CM(NH_2)-COOH$	5.68
酪氨酸	Tyr	$HO-C_6H_4-CH_2-CH(NH_2)-COOH$	5.66
半胱氨酸	Cys	$HS-CH_2-CH(NH_2)-COOH$	5.07
蛋氨酸	Met	$CH_3SCH_2CH_2-CH(NH_2)-COOH$	5.74
天冬酰胺	Asn	$H_2N-C(=O)-CH_2-CH(NH_2)-COOH$	5.41
谷氨酰胺	Gln	$H_2N-C(=O)CH_2CH_2-CH_2-CH(NH_2)-COOH$	5.65
苏氨酸	Thr	$CH_3-CH(OH)-CH(NH_2)-COOH$	5.6
3. 酸性氨基酸			
天冬氨酸	Asp	$HOOCCH_2-CH(NH_2)-COOH$	2.97

续表

名称	英文简写	结构式	等电点（pI）
谷氨酸	Glu	$HOOCCH_2CH_2—CH(NH_2)—COOH$	3.22
4. 碱性氨基酸			
赖氨酸	Lys	$NH_2CH_2CH_2CH_2CH_2—CH(NH_2)—COOH$	9.74
精氨酸	Arg	$NH_2C(=NH)NHCH_2CH_2CH_2—CH(CH_2)—COOH$	10.76
组氨酸	His	$HC=C—CH_2—CH(NH_2)—COOH$（咪唑环：HC—N=CH—NH—C）	7.59

有时，又可以根据R侧链的不同，把氨基酸分为脂肪族氨基酸、芳香族氨基酸、杂环氨基酸等。

二、蛋白质的分子结构

（一）肽键及肽链

1. 肽键

肽键是由一个氨基酸的α-羧基与另一个氨基酸的α-氨基缩合脱水而形成的酰胺键（图2-1）。

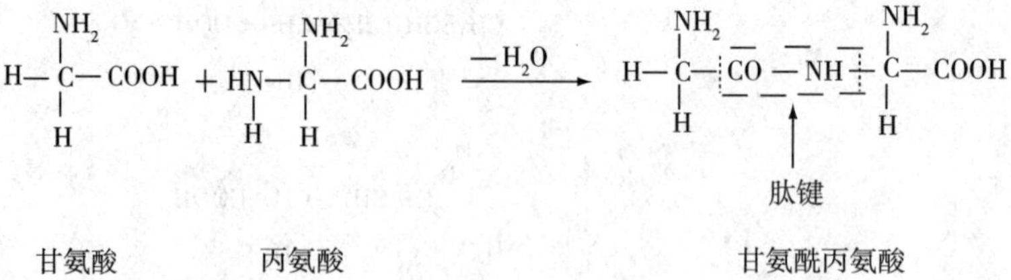

$$H—C(NH_2)(H)—COOH + HN(H)—C(NH_2)(H)—COOH \xrightarrow{-H_2O} H—C(NH_2)(H)—\boxed{CO—NH}—C(NH_2)(H)—COOH$$

甘氨酸　　丙氨酸　　　　肽键　　甘氨酰丙氨酸

图2-1　肽键的生成过程

2. 肽

氨基酸之间通过肽键连接而形成的化合物称为肽。由2个氨基酸缩合形成的肽叫二肽，由3个氨基酸缩合形成的肽叫三肽，一般来说，少于10个氨基酸的肽称为寡肽，由10个以上氨基酸形成的肽叫多肽。每个肽在其一端有一自由氨基，称为氨基端或N末端，在另一端有一自由羧基，称为羧基端或C末端。多肽中的氨基酸单位称为氨基酸残基。

知识链接

生物活性肽

生物活性肽是一类分子量小于6000Da、具有多种生物学功能的多肽。依据其功能，生物活性肽大致可分为生理活性肽、抗氧化肽、调味肽和营养肽四类。但一些肽具有多种生理活性，因此分类只是相对的。主要的生理活性肽有抗菌肽、神经活性肽、激素肽和调节激素的肽、酶调节剂和抑制肽、免疫活性肽等。

3. 多肽链

多个氨基酸通过肽键连接而成的化合物为链状，称为多肽链。多肽链书写一般从N末端写向C末端。

（二）蛋白质的一级结构

蛋白质的一级结构是指蛋白质多肽链中氨基酸残基的排列顺序。一级结构是蛋白质的基本结构，维持蛋白质一级结构的主要化学键是肽键，也称蛋白质分子结构的主键。蛋白质的一级结构决定蛋白质的空间结构和特异的生物学功能。

很多蛋白质的一级结构已经被研究确定，胰岛素是世界上第一个被确定一级结构的蛋白质。如牛胰岛素（图2－2），是由A、B两条多肽链组成的蛋白质，A链含有21个氨基酸残基，B链含有30个氨基酸残基，两条链通过两个二硫键连接。

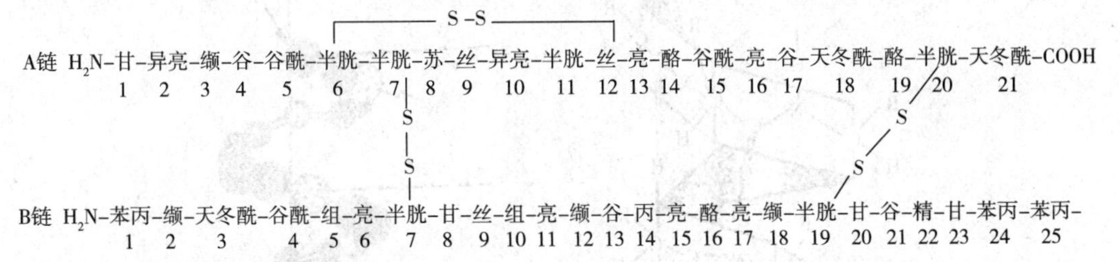

图2－2　牛胰岛素的一级结构

（三）蛋白质的空间结构

蛋白质的生物学活性和理化性质主要取决于空间结构的完整，蛋白质的空间结构包括二级、三级和四级结构。

1. 蛋白质的二级结构

蛋白质的二级结构是指多肽链中主链原子在多个局部折叠、盘曲而形成的空间构象。蛋白质的二级结构主要有α螺旋、β折叠、β转角和无规卷曲。氢键是稳定二级结构的主要作用力。

（1）肽单位：肽键中的 C、O、N、H 四个原子和相邻的两个 α 碳原子在同一个平面上，此平面称为肽单位或肽键平面（图 2－3）。肽平面是蛋白质构象的基本结构单位，是蛋白质三维结构的基础。

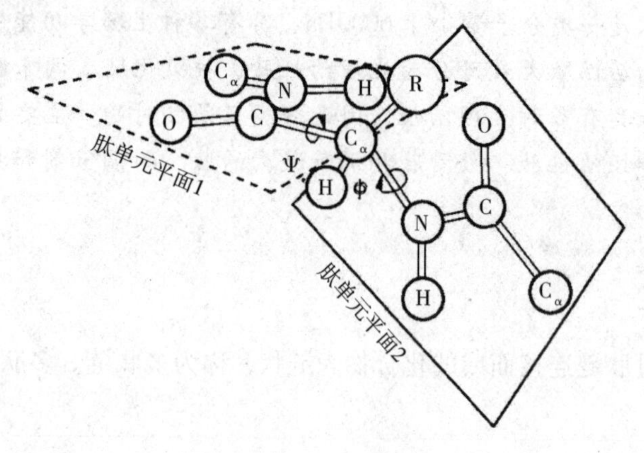

图 2－3 肽键平面

（2）蛋白质二级结构的基本构象

1）α 螺旋：是蛋白质二级结构中普遍的构象，其结构（图 2－4）特点是：肽链围绕中心轴盘绕成右手螺旋（图 2－4A）；螺旋每上升一圈包含 3.6 个氨基酸残基，螺距为 0.54nm（图 2－4B）；α 螺旋结构的稳定主要靠链内的氢键维持；肽链中氨基酸 R 侧链分布在螺旋外侧，其形状、大小及电荷影响 α 螺旋的形成。

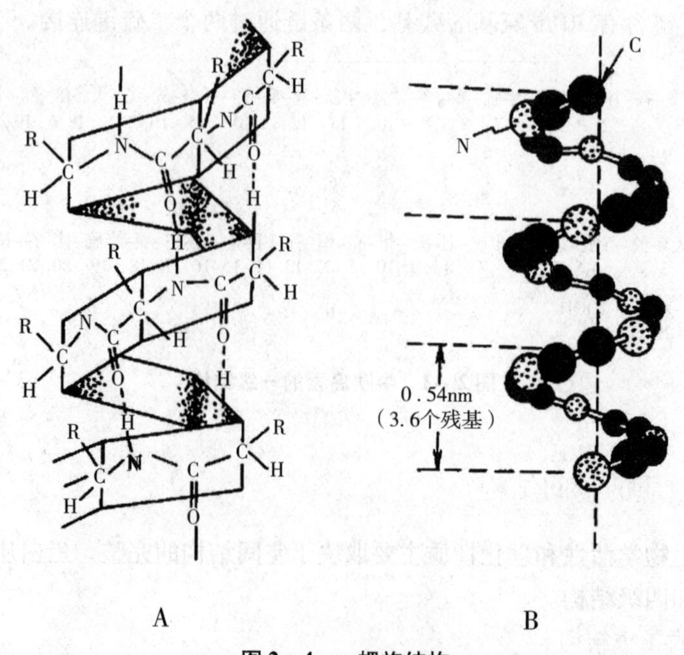

图 2－4 α 螺旋结构

2）β 折叠：又称为 β 片层结构。蛋白质多肽链主链折叠成锯齿状，通过氢键相连而平行成片状结构。其结构（图 2－5）特点是：多肽链延伸，肽平面之间折叠成锯齿状；若干个肽段平行排列，通过氢键连接；侧链分布在片层的上下；相邻两个肽段的β折叠走向相同时，称为顺平行，反之则称为反平行。

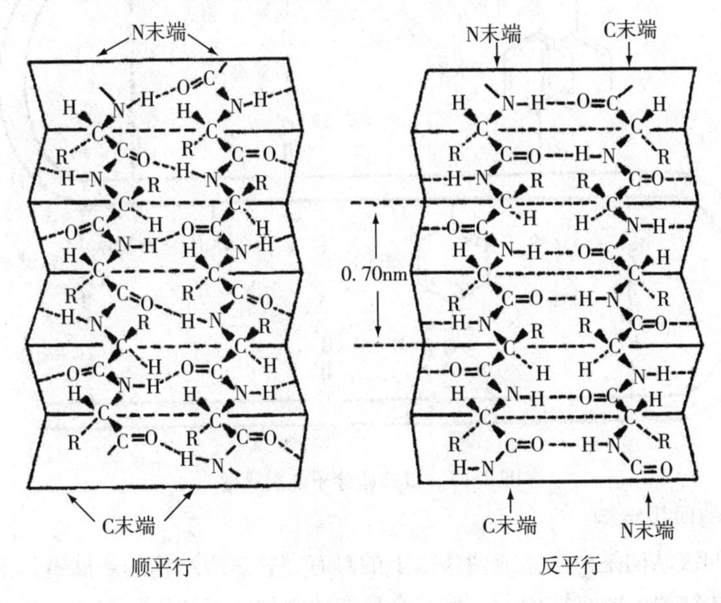

图2-5　β折叠结构

3）β转角：是多肽链的主链经过180°的回折（转折）后形成的拐角处的构象。一般由四个连续的氨基酸组成，第一个氨基酸的羧基和第四个氨基酸的氨基之间形成氢键。

4）无规卷曲：是多肽链不规则排列而形成的松散结构。

2. 蛋白质的三级结构

蛋白质的三级结构是指二级结构的多肽链进一步卷曲折叠所形成的不规则空间构象，即整条肽链所有原子的空间三维结构（图2-6）。

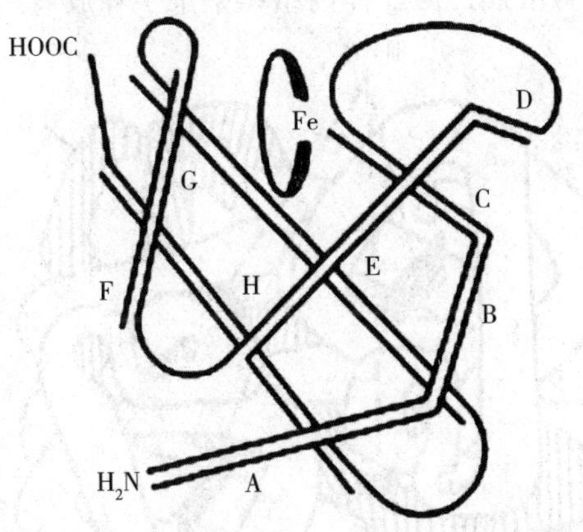

图2-6　蛋白质的三级结构

维持蛋白质三级结构稳定的作用力主要是次级键，包括疏水键、氢键、盐键和范德华力（图2-7）。另二硫键在某些肽链中能使远隔的两个肽段联系在一起，对蛋白质三级结构的稳定也起着重要的作用。

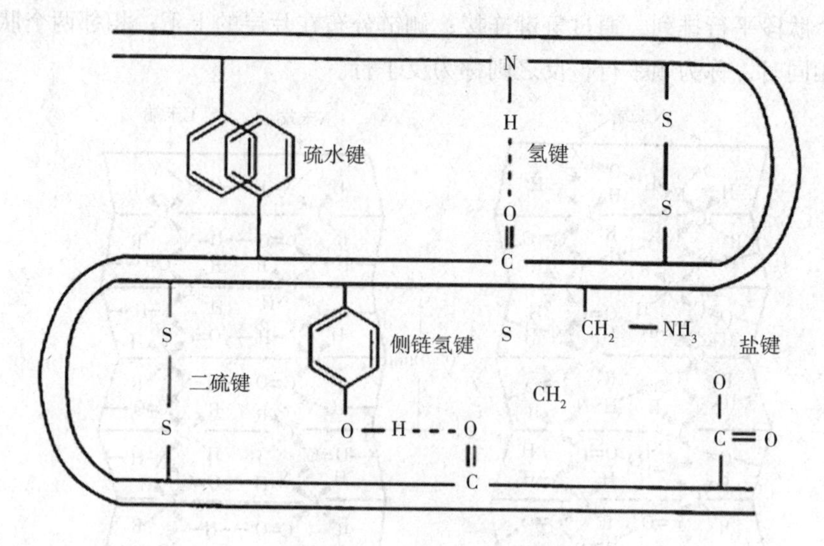

图2－7　蛋白质分子中次级键

3. 蛋白质的四级结构

蛋白质的四级结构是由两条或两条以上的具有完整三级结构的多肽链以非共价键结合而形成的聚合体结构。四级结构中，每一个具有独立的三级结构的多肽链称为该蛋白质的亚单位或亚基。亚基单独存在时没有生物学功能，只有完整的四级结构才具有生物学活性。维系四级结构稳定的次级键主要是疏水键，此外，氢键、盐键和范德华力也起着很重要的作用。

血红蛋白是由2个α亚基和2个β亚基组成的四聚体，两种亚基的三级结构颇为相似，每个亚基都与一个血红素辅基结合（图2－8）。4个亚基通过8个盐键相连，形成血红蛋白的四聚体，具有运输氧和二氧化碳的功能。但当每一个亚基单独存在时，虽可以结合氧且与氧的亲和力增强，但在体内组织中难于释放氧。

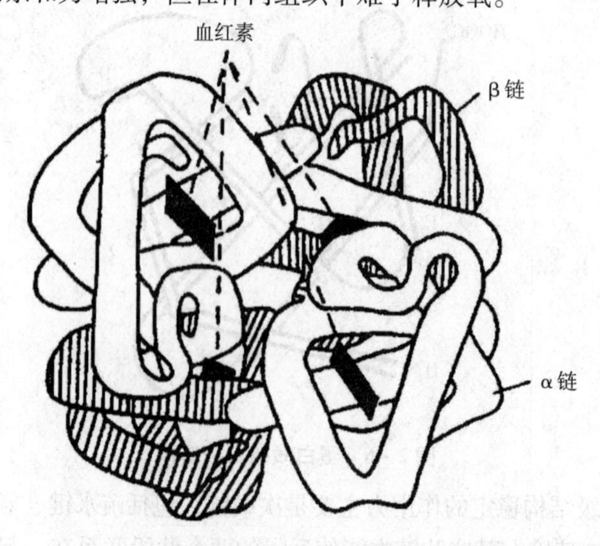

图2－8　蛋白质的四级结构（血红蛋白结构）

知识链接

蛋白质的种类

自然界中的蛋白质约有100亿种，人体内的蛋白质也有10万余种。一个细胞中可能有近千种蛋白质，人体的蛋白质含量占人体固体总量的45%，在细胞中可达细胞干重的70%以上。这些蛋白质是由20种氨基酸组成的，它们的结构各异，功能也各不相同。自然界的生物种类繁多，性状各异，它们都是由蛋白质的不同结构来体现的。

三、蛋白质结构与功能的关系

蛋白质的结构与功能有着密切的关系，结构是功能的基础，功能是结构的体现。蛋白质结构的细微改变都会引起功能的改变。研究蛋白质结构与功能之间的关系，可以从分子水平上认识生命现象，为药物的研制及疾病的预防、诊断和治疗提供重要的理论依据。

（一）蛋白质一级结构与功能的关系

1. 一级结构不同，生物学功能各异

不同的蛋白质和多肽具有不同的一级结构，因此具有不同的生物学功能。如催产素和加压素都是由垂体后叶分泌的九肽激素，它们分子中只有2个氨基酸不同，但二者的生物学功能却有根本的区别。催产素可刺激子宫平滑肌收缩，表现为催产功能；加压素可使血管收缩，促进肾小管对水的重吸收，升高血压，表现为抗利尿作用。

2. 一级结构中“关键”部分相同，其功能相同

来源于不同生物体中的胰岛素，虽然一级结构不同，但其结构中“关键”部分相同，其功能也相同，都具有降血糖的作用。

3. 一级结构发生变化，生物学功能发生变化，会导致疾病发生

蛋白质的一级结构与功能的关系可以以分子病为例来说明。分子病是由遗传突变引起，在分子水平上仅存在微观差异而导致的疾病，如镰刀形红细胞贫血病。正常人血红蛋白的β亚基第6位氨基酸为谷氨酸，而患者的血红蛋白β亚基第6位氨基酸变为缬氨酸。仅一个氨基酸差别，使血红蛋白分子表面的负电荷减少，亲水基团成为疏水基团，导致血红蛋白分子不正常聚合，溶解度降低，在细胞内易聚集沉淀，丧失了结合氧的能力，红细胞收缩成镰刀状，细胞脆弱易发生溶血而导致贫血。

（二）蛋白质的空间结构与功能的关系

蛋白质的空间结构一旦被破坏，蛋白质的生物学功能也随之丧失。如酶蛋白的空间结构被破坏后，其催化功能丧失。当蛋白质与某些物质结合，使其折叠发生错误，此时蛋白质的一级结构虽然没有改变，但蛋白质的空间构象发生改变，其功能受到影响，严重时可导致疾病的发生。如有些蛋白质非正常折叠后相互聚集而引起构象改变，常形成抗蛋白水解酶的淀粉样纤维沉淀，产生毒性而发生蛋白质构象病，表现为蛋白质淀粉样纤维的病理改变，这类疾病包括人纹状体脊髓变性病、老年痴呆症、亨丁顿舞蹈病、疯牛病等。

四、蛋白质的理化性质

（一）蛋白质的理化性质

1. 蛋白质的两性电离和等电点

蛋白质和氨基酸一样，属于两性电解质。在肽链两端有游离的α氨基和α羧基，侧链上有游离的基团，可以解离出正离子或负离子。当溶液在某一特定的酸碱条件下，蛋白质分子所带的正电荷数与负电荷数相等，即净电荷为零，这时溶液的 pH 值称为该蛋白质的等电点，用 pI 表示。大多数的蛋白质等电点在 pH 5 ~ 7 之间。处于等电点的蛋白质颗粒，所带净电荷为零，在电场中不动。蛋白质溶液的 pH 值大于等电点，该蛋白质颗粒带负电荷，反之带正电荷（图 2 - 9）。

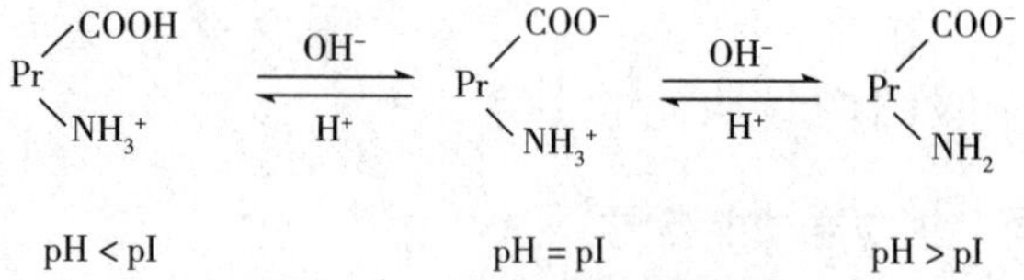

$$\mathrm{Pr}\begin{matrix}\diagup COOH\\ \diagdown NH_3^+\end{matrix} \underset{H^+}{\overset{OH^-}{\rightleftharpoons}} \mathrm{Pr}\begin{matrix}\diagup COO^-\\ \diagdown NH_3^+\end{matrix} \underset{H^+}{\overset{OH^-}{\rightleftharpoons}} \mathrm{Pr}\begin{matrix}\diagup COO^-\\ \diagdown NH_2\end{matrix}$$

$$pH < pI \qquad\qquad pH = pI \qquad\qquad pH > pI$$

图 2 - 9　蛋白质的两性电离

蛋白质两性电离和等电点性质，可用于蛋白质的分离纯化和分析鉴定等，如蛋白质的电泳、沉淀和离子交换等。

2. 蛋白质的胶体性质

蛋白质是生物大分子，分子量在 1 万 ~ 100 万之间，其分子直径可达 1 ~ 100nm，在胶体颗粒直径范围之内。蛋白质溶液具有胶体溶液的特征，是稳定的胶体溶液。维持其稳定因素有蛋白质颗粒表面的水化层和电荷层。若破坏这两个稳定因素，可使蛋白质颗粒互相聚集而沉淀，利用这一原理，可进行蛋白质的分离纯化。

3. 蛋白质的沉淀

蛋白质分子聚集而从溶液中析出的现象称为蛋白质的沉淀。其主要原理是破坏蛋白质胶体溶液稳定的因素。常用的方法有：

（1）盐析：在蛋白质溶液中加入大量的中性盐使蛋白质溶解度降低并沉淀析出的现象称为盐析。常用的中性盐有硫酸铵、硫酸钠、氯化钠等，它们在水中溶解度大，亲水性强，可与蛋白质争夺水分子，破坏蛋白质颗粒表面的水化层；另外，这些中性盐又是强电解质，解离作用强，能中和蛋白质颗粒上的电荷，破坏电荷层。这样，破坏了两个稳定因素，使蛋白质溶解度下降而聚集沉淀。

盐析是一种可逆沉淀，不引起蛋白质的变性，常用于蛋白质的分离纯化。

（2）有机溶剂：能与水互溶的有机溶剂如甲醇、乙醇、丙酮等可破坏蛋白质的水化层而使蛋白质沉淀。有机溶剂沉淀蛋白质也可以用于蛋白质的分离纯化。有机溶剂沉淀蛋白质时是否发生变性取决于有机溶剂的浓度、时间和温度。因此，在使用有机溶剂沉淀蛋白质前，先将其低温处理，可防止蛋白质的变性。

(3) 重金属盐：蛋白质分子在 pH 值大于其等电点的溶液中带负电荷，可与重金属离子（如 Cu^{2+}、Hg^{2+}、Pb^{2+}、Ag^{+} 等）结合形成不溶性的蛋白盐而沉淀，并引起蛋白质的变性。临床上抢救误食重金属盐的患者时，采用大量口服富含蛋白质的牛奶或鸡蛋清。牛奶或蛋清中的蛋白质会与重金属盐结合生成不溶性的沉淀物，再用催吐剂将结合的重金属盐呕吐出，可以解毒。

(4) 生物碱试剂：蛋白质分子在 pH 值小于其等电点的溶液中带正电荷，可与生物碱试剂（如单宁酸、苦味酸、三氯乙酸等）结合形成不溶性的蛋白盐而沉淀，并引起蛋白质的变性。临床常用此类方法制备无蛋白血滤液，或用于测定尿蛋白、脑脊液蛋白。

4. 蛋白质的变性与复性

(1) 变性：因受某些物理或化学因素的影响，蛋白质分子的空间结构破坏，从而导致其理化性质改变或生物学活性丧失的现象称为蛋白质的变性。蛋白质变性的实质是维系蛋白质空间结构稳定的次级键断裂。因此，变性并不引起蛋白质一级结构的破坏，不涉及肽键的断裂。

引起蛋白质变性的因素很多，物理因素有高温、紫外线、辐射、超声波等，化学因素有强酸、强碱、重金属、有机溶剂、尿素、去污剂等。

蛋白质的变性作用有很强的实用价值。如用乙醇、紫外线、高温、高压可以来消毒和灭菌，中草药中有效成分的提取等可用变性的方法除去杂蛋白。此外，防止蛋白质的变性也是有效保存蛋白质制剂如疫苗的必要条件。蛋白质类的食物应该煮熟了吃，因为蛋白质在高温条件下发生变性后，肽链构象由卷曲变成伸展状态，肽键暴露，易被体内的酶水解。

(2) 复性：蛋白质的复性是指把影响蛋白质变性的因素消除使蛋白质的空间结构重新恢复，生物学活性也随之恢复的现象。如在核糖核酸酶溶液中加入尿素和 β-巯基乙醇，可解除其分子中的四对二硫键和氢键，使其空间结构破坏，生物学功能丧失。变性后用透析方法除去尿素和 β-巯基乙醇，核糖核酸酶又恢复其原有的构象，生物学活性也几乎全部恢复。

5. 蛋白质的颜色反应

蛋白质分子中的肽键、苯环、酚以及分子中的某些氨基酸可与某些试剂产生颜色反应，这些颜色反应可应用于蛋白质的分析工作，可对蛋白质进行定性、定量地测定。

(1) 双缩脲反应：蛋白质在碱性溶液中能与 Cu^{2+} 反应产生红紫色络合物，此反应称双缩脲反应。此反应主要是肽键发生的，因此，肽键越多，反应颜色越深。此反应可用于蛋白质的定性或定量测定，以及蛋白质的水解程度测定。

(2) 福林（酚试剂）反应：酚试剂又称福林试剂。在碱性条件下，蛋白质分子中的酪氨酸、色氨酸可与酚试剂中的磷钼酸及磷钨酸反应生成蓝色化合物（钼蓝和钨蓝的混合物），反应颜色的深浅可作为蛋白质定量测定的依据。此反应灵敏度很高，可测定微克（μg）水平的蛋白质含量。

（3）茚三酮反应：在 pH 5～7 时，蛋白质与茚三酮溶液加热可产生蓝紫色。此反应可用于蛋白质的定性和定量测定。

6. 蛋白质的紫外吸收

组成蛋白质的酪氨酸、色氨酸具有吸收紫外光能力，其最大吸收峰在 280nm 处，因此 280nm 吸收值的测定可以用于蛋白质定量测定。

五、蛋白质分类

蛋白质种类繁多，结构功能复杂，很难找到一个统一的分类方法。目前常用的分类方法有如下几种：

1. 根据分子形状分类

根据蛋白质分子外形的对称程度可将其分为球状蛋白质和纤维状蛋白质。

（1）球状蛋白质：球状蛋白质分子形状的长短轴比小于 10。一般为可溶性、有特异活性的物质，如酶、免疫球蛋白等。

（2）纤维状蛋白质：纤维状蛋白质分子形状的长短轴比大于 10。一般不溶于水，多为生物体组织的结构材料，如胶原蛋白、角蛋白、弹性蛋白等。

2. 根据化学组成分类

根据化学组成可将蛋白质分为单纯蛋白质和结合蛋白质两类。

（1）单纯蛋白质：单纯蛋白质分子中只含有氨基酸，没有其他成分。如清蛋白（白蛋白）、球蛋白、组蛋白、鱼精蛋白等。

（2）结合蛋白质：结合蛋白质是由蛋白质部分和非蛋白质部分结合而成。主要的结合蛋白有六种，即核蛋白、糖蛋白、脂蛋白、色蛋白、金属蛋白、磷蛋白。

第二节　核酸化学

俗话说："种瓜得瓜，种豆得豆。"这种能使物种世代相传的遗传物质基础是核酸。核酸是广泛分布于生物体内的生物大分子，占细胞干重的 5%～15%。核酸不仅与生物的生长发育、繁殖、遗传变异密切相关，而且与生命的异常活动如肿瘤形成、遗传病、病毒感染等息息相关。因此认识核酸对认识疾病的发生、诊断和治疗具有极其重要的意义。

一、核酸的分子组成

（一）核酸的分类、分布

核酸分脱氧核糖核酸（DNA）和核糖核酸（RNA）两大类。绝大多数生物细胞都含有这两类核酸。DNA 主要分布在细胞核内，线粒体和叶绿体也有少量的 DNA。RNA 主要分布在细胞质中，细胞核中也有少量 RNA。病毒中核酸的分布比较特殊，一种病毒只含一种核酸，或是 DNA，或是 RNA，据此划分为 DNA 病毒和 RNA 病毒。

（二）核酸的元素组成

核酸是由 C、H、O、N、P 元素组成的化合物。其中磷的含量比较恒定，RNA 中磷的平均含量为 9.4%，DNA 中磷的平均含量为 9.9%，因此，通过测定生物样品中的含磷量可以推算出生物样品中核酸的含量。

（三）核酸的基本结构单位——单核苷酸

核酸的基本结构单位是单核苷酸。核苷酸水解后得到磷酸、戊糖和碱基（图 2 - 10）。

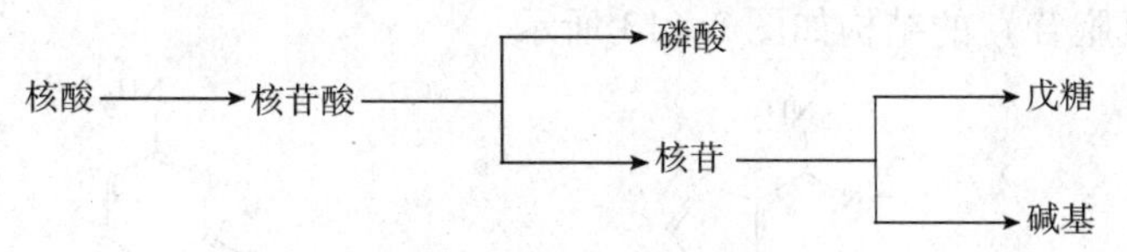

图 2 - 10　核酸的水解

1. 核苷和核苷酸

（1）碱基：核酸中的碱基有两类，即嘌呤碱和嘧啶碱。

嘌呤碱主要有腺嘌呤（A）和鸟嘌呤（G），嘧啶碱主要有三种，即胞嘧啶（C）、尿嘧啶（U）和胸腺嘧啶（T）（图 2 - 11）。

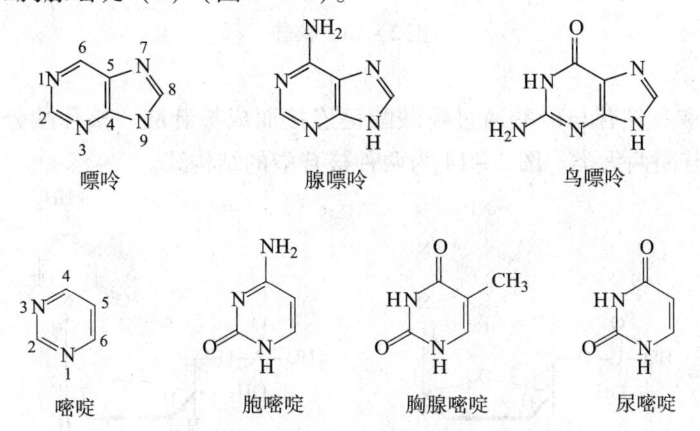

图 2 - 11　核酸中的碱基

（2）戊糖（核糖）：核酸按其所含戊糖不同而分为两大类。DNA 所含的戊糖是 D - 2′- 脱氧核糖，RNA 所含的戊糖是 D - 核糖（图 2 - 12）。DNA 与 RNA 的化学组成成分见表 2 - 2。

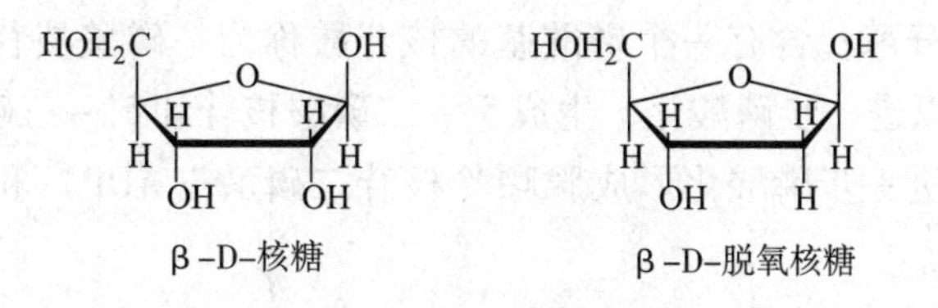

图 2 - 12　核糖

表 2－2　RNA 与 DNA 的化学组成

	DNA	RNA
碱基	A、G、C、T	A、G、C、U
戊糖	脱氧核糖	核糖
磷酸	磷酸	磷酸

（3）*核苷*：核苷是由戊糖和碱基通过糖苷键连接而成的化合物。糖苷键通常由戊糖上 C_1 的羟基与嘧啶碱的 N_1 或与嘌呤碱的 N_9 上的氢脱水缩合生成。

核苷可以分成核糖核苷与脱氧核糖核苷两大类。腺嘌呤核苷（简称腺苷）、胞嘧啶脱氧核苷（脱氧胞苷）的结构如图 2－13 所示。

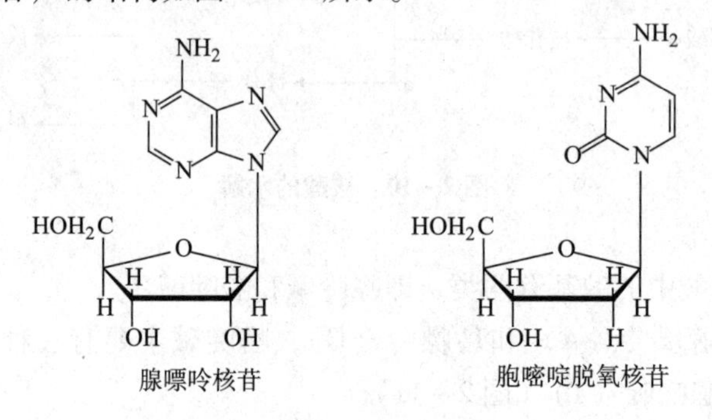

图 2－13　核苷

（4）*核苷酸*：核苷与磷酸通过磷酸酯键连接而成核苷酸。核苷酸分成核糖核苷酸与脱氧核糖核苷酸两大类。图 2－14 为两种核苷酸的结构式。

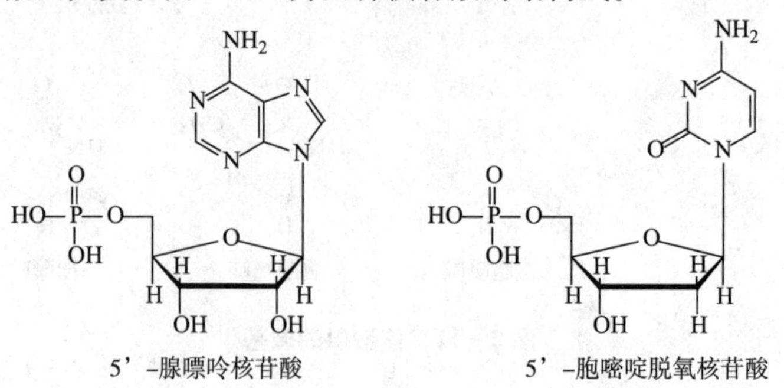

图 2－14　核苷酸

2. 核苷酸的衍生物

（1）*多磷酸核苷酸*：含有一个磷酸基的核苷酸称为一磷酸核苷酸。其中 5′－一磷酸核苷的磷酸基可以进一步磷酸化，生成 5′－二磷酸核苷和 5′－三磷酸核苷。比如 5′－腺苷酸（AMP）可进一步磷酸化形成腺嘌呤核苷二磷酸（ADP）和腺嘌呤核苷三磷酸（ATP）（图 2－15）。

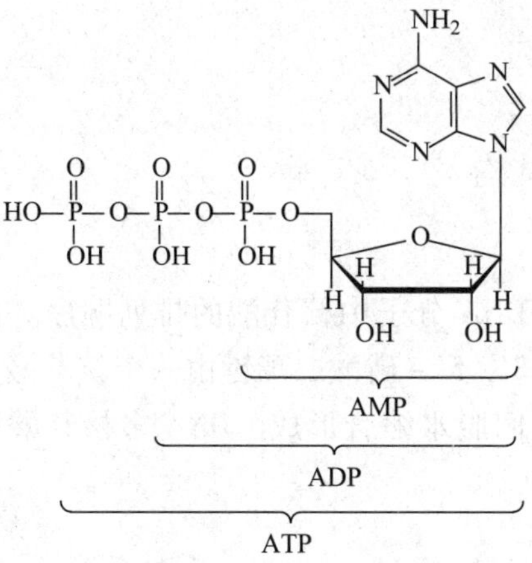

图 2-15　多磷酸核苷

ATP 是体内常见的游离存在的多磷酸核苷酸，其分子内含有两个高能键，水解时可释放大量的能量，为机体生命活动所利用。

多磷酸核苷酸具有重要的生物学作用。四种三磷酸核苷（ATP、GTP、CTP、UTP）是合成 RNA 的重要原料，四种脱氧核苷酸（dATP、dGTP、dCTP、dTTP）是合成 DNA 的重要原料。ATP 是生物体内能量的直接来源和利用形式。ATP、GTP、CTP、UTP 在蛋白质、糖原、磷脂等多种物质的合成中提供所需的能量。

（2）环核苷酸：5′-核苷酸的磷酸基可与戊糖环上的 3′-OH 脱水缩合形成 3′，5′-环核苷酸。重要的环化核苷酸有 3′，5′-环腺苷酸（cAMP）和 3′，5′-环鸟苷酸（cGMP），其结构式见图 2-16。

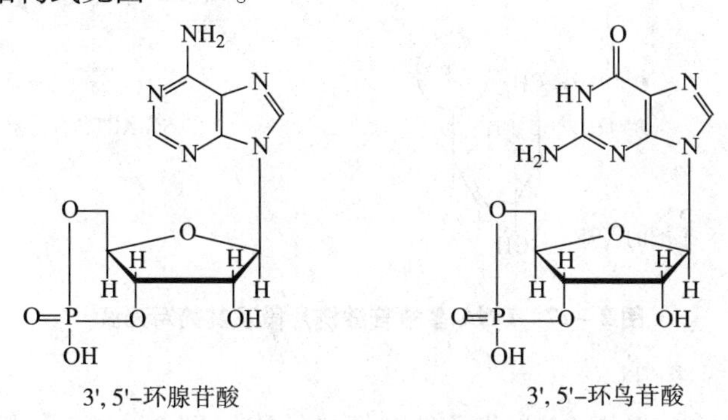

图 2-16　环核苷酸

cAMP 和 cGMP 在组织细胞中起着传递信息的作用，因此称为“第二信使”。

（3）辅酶类核苷酸：许多辅酶属于核苷酸类衍生物。如烟酰胺腺嘌呤二核苷酸（NAD^+）、烟酰胺腺嘌呤二核苷酸磷酸（$NADP^+$）、黄素单核苷酸（FMN）、黄素腺嘌呤二核苷酸（FAD）和辅酶 A 等，都是核苷酸的衍生物，它们在生物体中作为辅酶或辅基参与生物氧化和物质代谢。

二、核酸的分子结构

（一）DNA 的分子结构

1. DNA 的一级结构

DNA 的一级结构是指 DNA 分子中核苷酸的排列顺序。核苷酸与核苷酸之间通过 3′，5′－磷酸二酯键连接，3′，5′－磷酸二酯键由一个核苷酸分子的 3′－羟基和另一个核苷酸分子的 5′－磷酸之间脱水缩合形成。DNA 多核苷酸链片段及其简写形式见图 2－17。

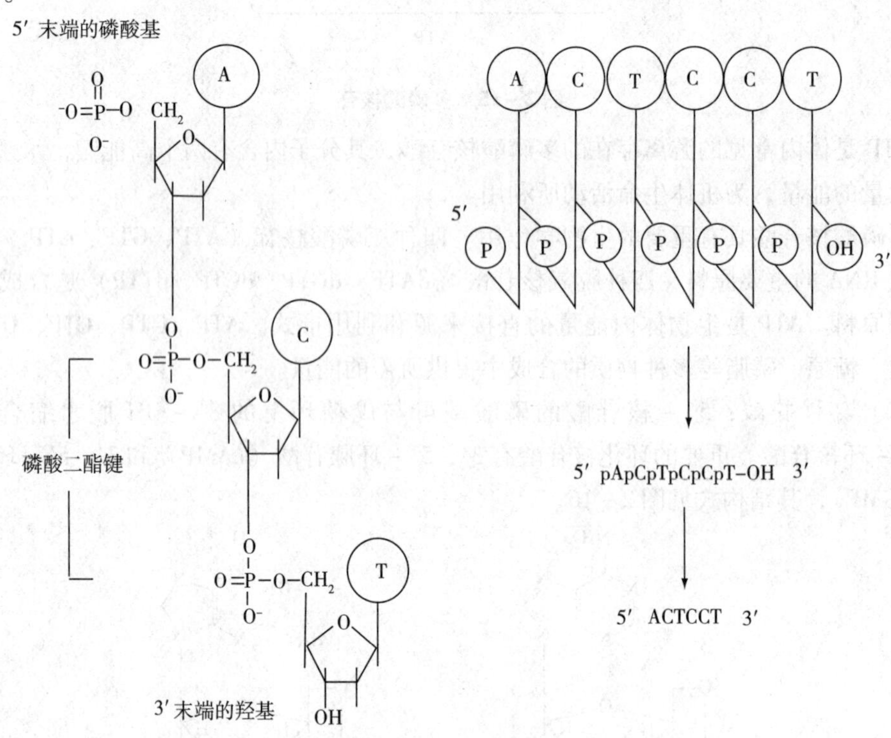

图 2－17 DNA 多核苷酸链片段及其简写形式

2. DNA 的二级结构

DNA 的二级结构一般指 DNA 分子的双螺旋结构（图 2－18），由 Watson（美）和 Crick（英）于 1953 年提出。

DNA 的二级结构主要特点有：

（1）DNA 分子是由两条反向平行的多核苷酸链围绕一个假想的中心轴形成的右手螺旋。

（2）磷酸与核糖在外侧，通过 3′，5′－磷酸二酯键连接，形成 DNA 分子的骨架。碱基位于双螺旋的内侧，碱基平面与纵轴垂直。双螺旋结构上有两条螺形凹沟，较深的沟称大沟，较浅的称小沟。

（3）双螺旋的平均直径为 2nm，在同一条链上相邻两个碱基对之间的轴向距离为

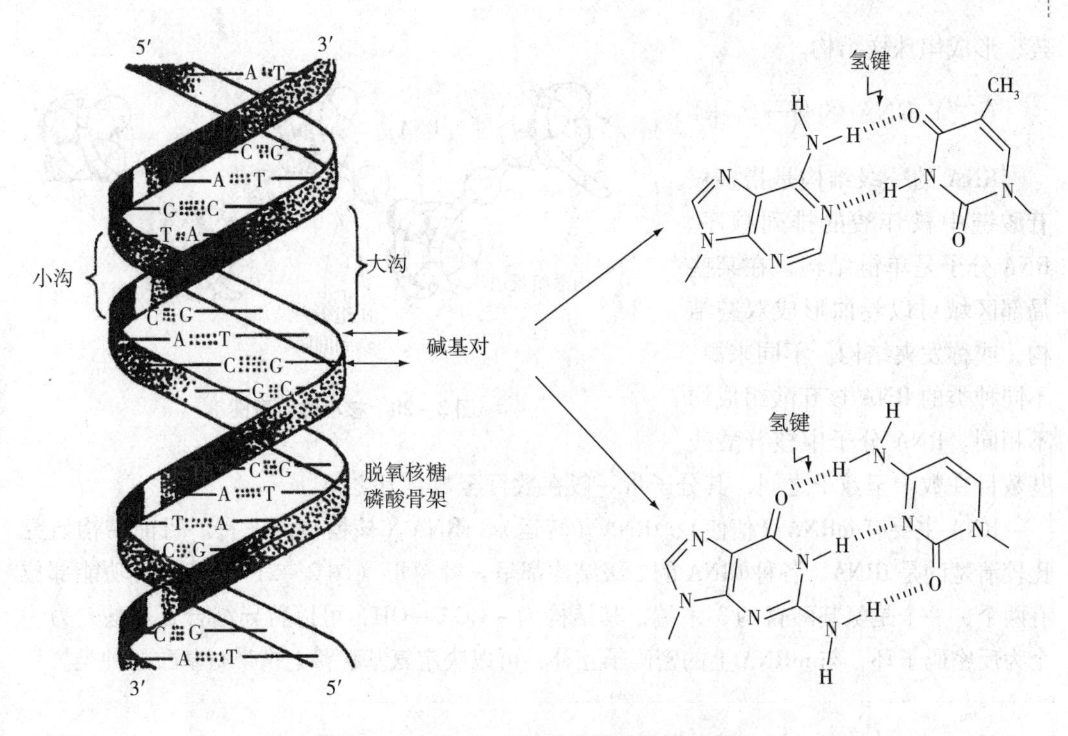

图 2-18　DNA 分子的双螺旋结构示意图

0.34nm，两个核苷酸之间的夹角为 36°。因此，沿中心轴每旋转一周有 10 对核苷酸残基，每一圈的高度（即螺距）为 3.4nm。

（4）碱基之间通过氢键连接。遵循“碱基互补”配对原则，A 与 T 相配对，形成两个氢键；G 与 C 相配对，形成三个氢键。因此，G 与 C 之间的连接较为稳定（图 2-18）。

（5）DNA 双螺旋结构稳定的主要作用力有氢键和碱基堆积力。

3. DNA 的三级结构

在 DNA 双螺旋二级结构基础上，双螺旋的扭曲或再次螺旋就构成 DNA 的三级结构（图 2-19）。超螺旋是 DNA 三级结构的一种重要形式，细胞线粒体内的 DNA 多以这种形式存在。

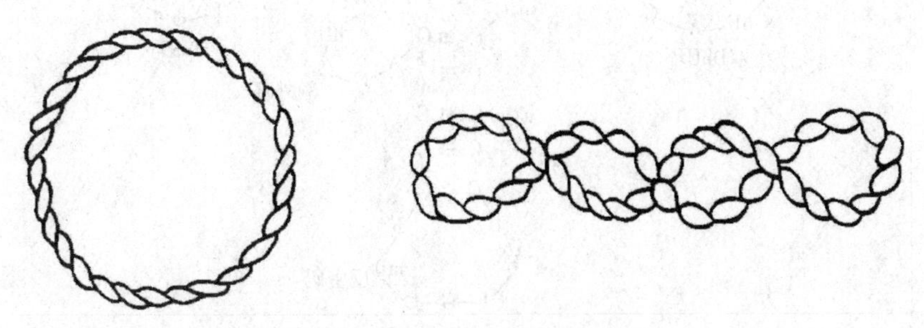

图 2-19　DNA 的三级结构

真核细胞核染色质中 DNA 与组蛋白和非组蛋白（呈酸性，故又称酸性蛋白）相结合存在，DNA 双螺旋盘绕组蛋白形成核小体（图 2-20），许多核小体之间由 DNA 链相连，形成串珠样结构。

（二）RNA 的分子结构

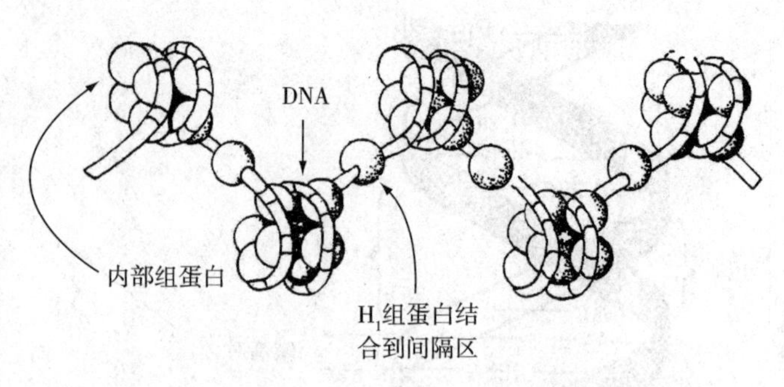

图 2－20　核小体示意图

RNA 的一级结构是指多核苷酸链中核苷酸的排列顺序。RNA 分子是单链结构，在某些局部区域可以卷曲形成双链结构，或称发夹结构。不同来源、不同种类的 RNA 核苷酸组成均不相同。RNA 分子中核苷酸残基数目在数十至数千之间，其分子量一般在数百至数百万之间。

RNA 主要有 mRNA（信使）、tRNA（转运）、rRNA（核糖体）三种。目前结构研究比较清楚的是 tRNA。各种 tRNA 的二级结构都呈三叶草形（图 2－21）。其主要功能部位有两个，一个是氨基酸臂的 3′末端，其结构为－CCA－OH，可以特异结合氨基酸；另一个为反密码子环，与 mRNA 上的密码子互补，可以决定氨基酸臂上携带氨基酸的种类。

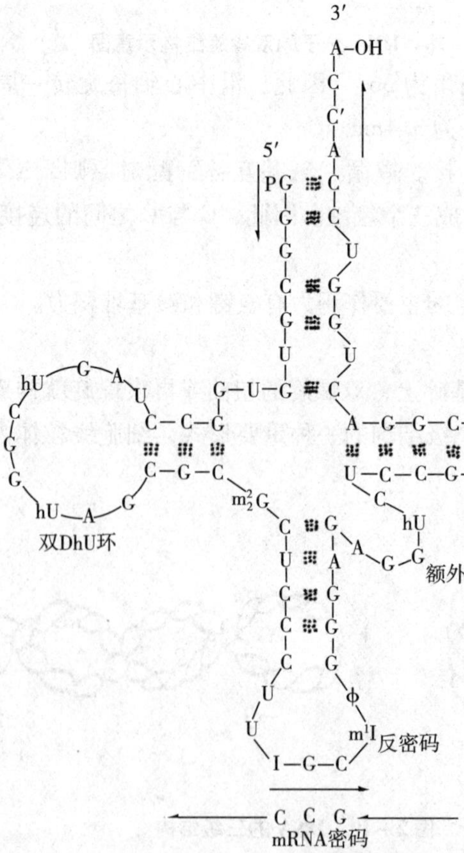

3′
A–OH
5′
双DhU环
额外环
Tϕ环
反密码
C C G
mRNA密码

图 2－21　tRNA 的二级结构示意图

tRNA 三级结构的形状象一个倒写的字母 L（图 2－22）。倒 L 形的一端为反密码子环，另一端为氨基酸臂。

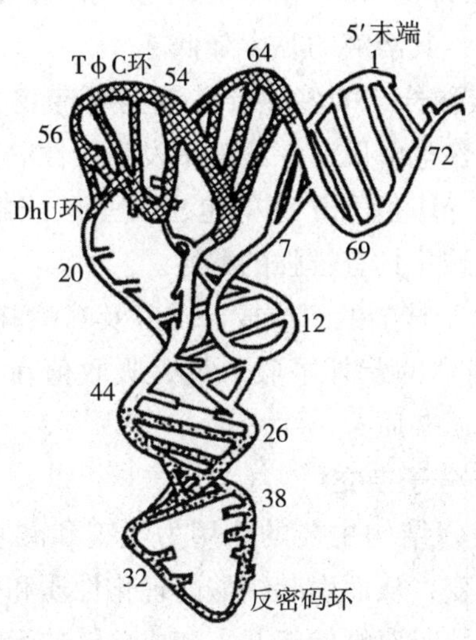

图 2－22　tRNA 三级结构

知识链接

核　酶

20 世纪 80 年代初，美国的卡奇（Thomas Cech）等在研究四膜虫大核 rRNA 时发现大核 rRNA 前体在成熟过程中能进行自我剪接，反应过程中不需要任何蛋白质（酶）的参加，因此提出了核酶的概念。把某些具有酶样催化活性的 RNA 称为核酶，至今已经发现了几十种核酶。这些核酶分子量较小，具有锤头样结构。因此，人们根据锤头结构的自我剪接模型和理论，设计出许多用核酶来剪切或破坏有害基因转录出的 mRNA 或其前体以及病毒 RNA，从而抑制细胞内肿瘤基因、遗传缺陷基因和病毒基因等不良基因的表达，为基因治疗描绘了一幅美好的前景，并提供了可行途径。

三、核酸的理化性质和功能

（一）核酸的理化性质

1. 核酸的分子量　核酸属于大分子化合物。DNA 分子量特别巨大，一般在 10^6 ~ 10^{10}之间，不同生物、不同种类 DNA 分子量差异很大，如多瘤病毒 DNA 分子量为 3×10^6，而果蝇巨染色体 DNA 的分子量为 8×10^{10}。RNA 分子量在数百至数百万之间。

2. 核酸的溶解度和黏度　RNA 和 DNA 都是极性化合物，都微溶于水，而不溶于乙醇、乙醚、氯仿等有机溶剂。

核酸（特别是线形 DNA）分子极为细长，其直径与长度之比可达 $1:10^7$，因此核酸溶液的黏度很大，即使是很稀的 DNA 溶液也有很大的黏度。RNA 溶液的黏度要小得多。核酸若发生变性或降解，其溶液的黏度降低。

3. 核酸的酸碱性质 核酸分子的多核苷酸链上既有酸性的磷酸基团又有碱基上的碱性基团，因此核酸属于两性电解质，在溶液中发生两性电离，具有等电点。核酸分子中的很多磷酸基团，在溶液 pH 值大于其等电点时呈酸式解离，形成多价阴离子，因此，可以把核酸看成是多元酸，具有较强的酸性。

4. 核酸的紫外吸收 由于核酸的组成成分嘌呤及嘧啶碱在 240 ~ 290nm 具有强烈的紫外吸收，所以核酸也有强烈的紫外吸收。最大吸收值在 260nm 处。利用这一特性，可以鉴别核酸样品中的蛋白质杂质。

5. 核酸的变性、复性和分子杂交

（1）变性：维持核酸空间结构主要的作用力氢键和碱基堆积力受到某些理化因素的破坏，其空间结构发生改变，从而引起核酸的理化性质和生物学功能的改变，这种现象称为核酸的变性。核酸变性时双螺旋解开，变成单链的无规则线团，但并不涉及核苷酸间共价键的断裂。引起核酸变性的因素很多，如加热、极端的酸碱度、有机溶剂、酰胺、尿素等。由温度升高而引起的变性称热变性。通常把 DNA 双链解开 50% 时的温度称为 DNA 的解链温度或溶解温度，用 Tm 表示。DNA 的 Tm 值一般在 70℃ ~85℃之间。

（2）复性：变性 DNA 在适当条件下，两条彼此分开的链重新结合成为双螺旋结构的过程称为复性。DNA 复性后，许多理化性质又得到恢复，生物活性也可以得到部分恢复。热变性的 DNA 骤然冷却至低温时，DNA 不可能复性，而在缓慢冷却时才可以复性。

（3）核酸的杂交：根据变性和复性的原理，将不同来源的 DNA 变性，若这些异源 DNA 之间在某些区域有相同的序列，则缓慢冷却时能形成 DNA - DNA 异源双链，或将变性的单链 DNA 与 RNA 经复性处理形成 DNA - RNA 杂合双链，这种过程称为分子杂交。核酸的杂交技术在生命科学、医学等领域中都有广泛的应用。

（二）核酸的功能

DNA 的作用主要是作为遗传的物质基础，进行遗传信息的传递。

RNA 在蛋白质的生物合成中起着很重要的作用。三种主要的 RNA 的作用：mRNA 转录 DNA 上的遗传信息并指导蛋白质的合成，作为蛋白质合成的模板；tRNA 起携带和转运氨基酸的作用；rRNA 是蛋白质合成的场所。

同步训练

1. 蛋白质的基本元素组成有______。用凯氏定氮法测出一样品中氮元素含量为 0. 8 克，则该样品中蛋白质的含量是______克。

2. 组成人体蛋白质的基本单位是______，人约有______种，其结构特点是______。

3. 维持蛋白质一级结构的化学键是______；维持蛋白质空间结构的化学键统称为______。

4. 变性的蛋白质______结构发生改变。蛋白质变性理论在临床上应用最多的是______。

5. 蛋白质成为胶体溶液的稳定因素是______和______。

6. 核酸的基本组成单位是______。

7. 比较 DNA 和 RNA 在分子组成和生理功能上的异同。

8. 简述 DNA 双螺旋结构的特点。

第三章　酶与维生素

知识要点

掌握酶的概念及酶促反应特点；熟悉酶的分子组成、影响酶促反应速度的因素、血液中的主要酶及辅酶与维生素；了解酶的分子结构、酶催化的作用原理及维生素的概念及分类。

酶是生物体内存在的一类生物催化剂，它可以使高分子有机化合物在生物体内温和的条件下顺利地进行化学反应，而且反应速度非常快。哺乳动物的细胞内含有几千种酶，生物体内的各种物质代谢反应几乎都是在酶的催化下进行的，物质代谢的调控也是通过酶活性的调节来进行的，如果没有酶就没有生命。酶在生物体内物质代谢中发挥着重要作用，机体内酶的缺损或活性减弱，均可导致物质代谢紊乱，甚至发生疾病。因此酶与医学的关系十分密切。

第一节　酶

一、酶的概念及酶促反应特点

（一）酶的概念

酶（E）是由活细胞产生的具有催化作用的蛋白质，又称之为生物催化剂。近年发现，少数核酸也具有催化作用，称之为核酶。酶不仅在体内有催化作用，在体外特定的条件下也有高效的催化能力。酶所催化的化学反应称为酶促反应，在酶催化下发生反应的物质称为底物（S），反应所生成的物质称为产物（P）。在反应过程中酶催化反应的能力称为酶活性，酶失去了催化能力称为酶的失活。

知识链接

人体内酶的发现

1824年，科学家斯普劳司尔证明胃液中有酶。11年之后，德国科学家施旺从胃液中提取了一种能消化蛋白质的物质，施旺称它为胃蛋白酶，解开了胃的消化之谜。人体内酶的种类很多，具有许多奇妙的作用。如口腔中的唾液淀粉酶能使食物中的淀粉水解成葡萄糖而使馒头和米饭在口腔内越嚼越甜；肝中的多种转化酶，可使进入人体内的有毒物质转变成无毒物质，进而排出体外。可以说，没有酶就没有生物的新陈代谢，也没有丰富多彩的生物界。

（二）酶促反应的特点

酶与一般催化剂比较有相同的催化性质，即：只能催化热力学上允许的化学反应；能加快化学反应速度，反应前后无质和量的改变；能加速可逆反应的进程，而不改变反应的平衡点；能降低反应的活化能。而酶作为生物催化剂，又具有一般催化剂所没有的特点。

1. 高度的催化效率

酶的催化效率极高，比一般催化剂的催化效率高 $10^7 \sim 10^{13}$ 倍。这是因为酶比一般催化剂能更有效地降低反应的活化能，使参与反应的活化分子数量显著增加，从而大大提高了酶的催化效率，加快了酶促反应速度。例如，脲酶催化尿素水解的速度是 H^+ 催化作用的 7×10^{12} 倍，过氧化氢酶催化过氧化氢水解的速度比 Fe^{2+} 做催化剂水解的反应速度快 6×10^8 倍。

2. 高度的特异性

酶对所催化的底物具有较严格的选择性，这种酶对底物的选择性称为酶的特异性（专一性）。根据酶对其作用的底物分子结构选择的严格程度不同，酶的特异性大致可分为三种类型。

（1）绝对特异性：一种酶只能催化某一种特定结构的底物分子发生反应，生成特定的产物，这种对底物严格的选择性称为绝对特异性。如脲酶只能催化尿素水解生成二氧化碳和氨，而对尿素的衍生物无催化作用。

（2）相对特异性：一种酶可以催化一类化合物或一种化学键进行反应，这种对底物不太严格的选择性称为相对特异性。如脂肪酶不仅能水解脂肪，又能水解其他的酯。

（3）立体异构特异性：对具有同分异构体的底物来说，有些酶只作用于其中的一种立体异构体，而对其他异构体无催化作用，这种选择性称为立体异构特异性。如L－乳酸脱氢酶只催化L－乳酸，而对D－乳酸无作用。

3. 高度的不稳定性

由于酶的化学本质是蛋白质，所以凡是能使蛋白质变性的理化因素，如高温、高压、电磁辐射、强酸、强碱、重金属盐、有机溶剂、剧烈震荡等，均可使酶变性而失去其催化活性。

4. 酶活性的可调性

酶与其他代谢物一样，其自身也要不断进行新陈代谢。通过改变酶的合成和降解速度调节酶含量，从而影响酶活性。另外，酶活性还受激素、神经系统信息等许多因素的调控，这些调控能保证酶在体内恰如其分地发挥其催化作用，以适应机体不断变化的内外环境和生命活动的需要。

二、酶的分子组成

（一）单纯酶和结合酶

根据酶分子的化学组成不同，将酶分为单纯酶和结合酶。

1. 单纯酶

仅由氨基酸残基构成的酶，称单纯酶。如淀粉酶、脂肪酶、蛋白酶、脲酶、核糖核酸酶等。

2. 结合酶

由蛋白质和非蛋白质两部分组成的酶，称结合酶。其中蛋白质部分称为酶蛋白，非蛋白质部分称为辅助因子，两者结合形成的复合物称为结合酶（全酶)。酶蛋白或辅助因子单独存在时均无活性，只有二者结合起来形成全酶才具有催化活性。生物体内大多数酶是结合酶。

辅助因子有两类，一类是金属离子，如 K^+、Mg^{2+}、Cu^{2+}、Fe^{2+} 等；另一类是小分子有机化合物，多是维生素和含维生素的化合物，如 B 族维生素等。根据辅助因子与酶蛋白结合的紧密程度不同，可分为辅酶和辅基。凡与酶蛋白结合疏松，能用透析或超滤等方法使之与酶蛋白分开的辅助因子称为辅酶；凡与酶蛋白结合紧密，不能用透析或超滤等方法使之与酶蛋白分开的辅助因子称为辅基。辅酶与辅基具有传递电子、原子、化学基团的作用。

生物体内酶蛋白的种类很多，但辅助因子的种类却为数不多，一种酶蛋白只能与一种辅助因子结合成一种全酶，而一种辅助因子可与不同的酶蛋白结合形成不同的全酶，酶蛋白决定酶的特异性，辅助因子决定酶促反应的性质或类型。

（二）单体酶、寡聚酶、多酶复合体

根据酶分子构象不同分为单体酶、寡聚酶、多酶复合体。由一条多肽链构成的酶称为单体酶；由几个乃至几十个相同或不同的亚基以非共价键相连而构成的酶称为寡聚酶；由几种催化功能不同的酶彼此嵌合形成的复合体称为多酶复合体。

三、酶的分子结构及催化作用原理

（一）酶的活性中心与必需基团

酶是大分子蛋白质，分子中存在很多化学基团，而酶的底物多为小分子物质，所以

酶与底物结合成复合物时，底物只能结合在酶分子表面的某个区域。酶分子中能与底物特异地结合并将底物转变为产物的区域，称为酶的活性中心。该区域是酶发挥催化功能的关键所在，它是由酶分子的多肽链在空间折叠盘绕而成，常位于酶分子的表面或深入酶分子内部，呈孔穴、裂隙或袋状（图 3－1）。

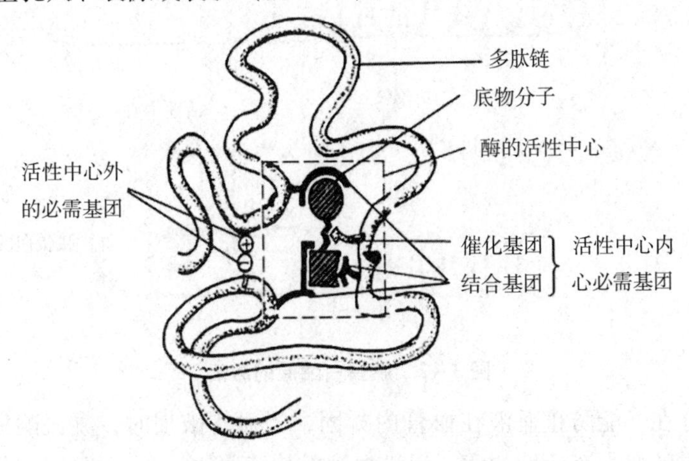

图 3－1　酶活性中心示意图

酶分子中有许多功能基团，那些与酶催化功能密切相关的基团称为酶的必需基团。必需基团可以位于活性中心内，也可以位于活性中心以外。活性中心内的必需基团根据其功能分为两种：一种是结合基团，其功能是识别底物并与底物结合形成酶－底物复合物；另一种是催化基团，其功能是影响底物中某些化学键的稳定性，催化底物发生化学变化使之转变为产物。有些必需基团兼有结合和催化的双重作用。还有些必需基团虽然不直接参与酶活性中心的构成，但能维持酶分子的空间构象，也是酶发挥催化作用所必需的，称为活性中心外的必需基团。

（二）酶原与酶原的激活

大多数酶在细胞内合成后即有催化活性，但有些酶在细胞内合成或初分泌时无催化活性，需要在一定条件下转化才能具备酶的活性。这种无催化活性的酶的前体称为酶原，如胰蛋白酶原、凝血酶原等。在一定条件下，无活性的酶原转变为有活性的酶的过程称为酶原的激活。酶原激活的实质是酶活性中心的形成或暴露。例如胰蛋白酶原在小肠受肠激酶的催化使其 N 端第 6 位赖氨酸与第 7 位异亮氨酸残基之间的肽键断裂，水解掉一个六肽，胰蛋白酶原分子结构发生改变，形成酶的活性中心，使无活性的胰蛋白酶原激活，成为有催化活性的胰蛋白酶，对肠道中的蛋白质进行消化分解（图 3－2）。

某些酶以酶原的形式存在具有重要的生理意义。一方面避免细胞产生的蛋白酶对细胞的自身消化作用，避免血液在血管内凝固，另一方面保证酶在特定的部位和环境中激活并发挥其催化作用。如果酶原的激活过程发生异常，将导致一系列疾病的发生。例如胰蛋白酶原在未进入小肠时就被激活，激活的胰蛋白酶将水解自身的胰腺细胞，使胰腺出血、肿胀而导致出血性胰腺炎的发生。正常情况下，肝合成的凝血因子在血液循环中

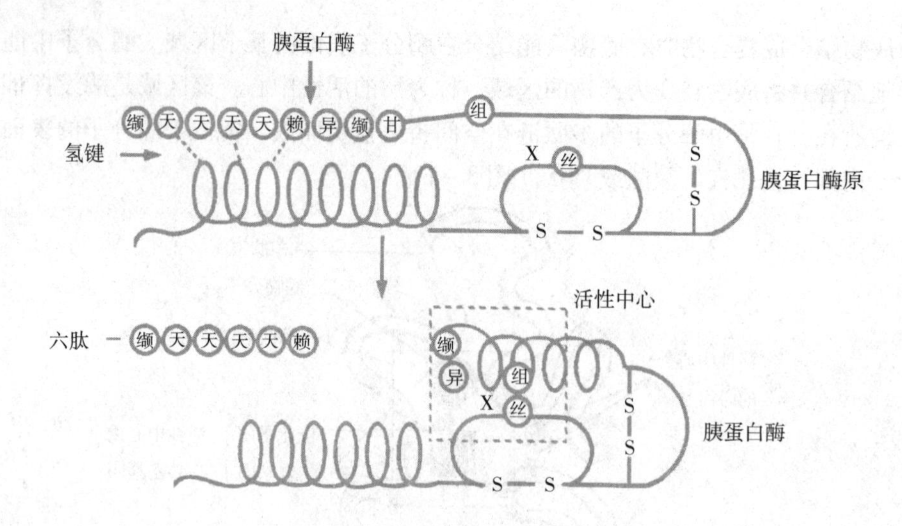

图 3－2　胰蛋白酶原的激活

以酶原的形式存在，能防止血液在血管内凝固，当血管破损时，凝血酶原迅速被激活，由无活性的酶原转变为有活性的酶，促进血液的快速凝固，防止机体大量失血。

（三）同工酶

同工酶是指催化相同的化学反应，而酶蛋白的分子结构、理化性质和免疫学性质不相同的一组酶。同工酶存在于生物的同一种属或同一个体的不同组织细胞中，或同一细胞的不同亚细胞结构中。现已发现几百种同工酶，如乳酸脱氢酶（LDH）、碱性磷酸酶（ALP）、肌酸激酶（CK）、丙氨酸氨基转移酶等，其中发现最早、研究最多的是乳酸脱氢酶。

乳酸脱氢酶是由 H 亚基和 M 亚基组成的四聚体。这两种亚基以不同的比例组成五种同工酶：LDH_1（H_4）、LDH_2（H_3M_1）、LDH_3（H_2M_2）、LDH_4（H_1M_3）和 LDH_5（M_4）（图 3－3）。LDH 同工酶催化乳酸与丙酮酸的互变。由于分子结构上的差异，这五种同工酶具有不同的电泳速度，通常用电泳法可把五种 LDH 分开，其中 LDH_1 向正极泳动速度最快，而 LDH_5 泳动速度最慢。LDH 同工酶在各组织器官中的分布与含量不同，在心肌中以 LDH_1 活性最高，肝及骨骼肌中以 LDH_5 活性最高。

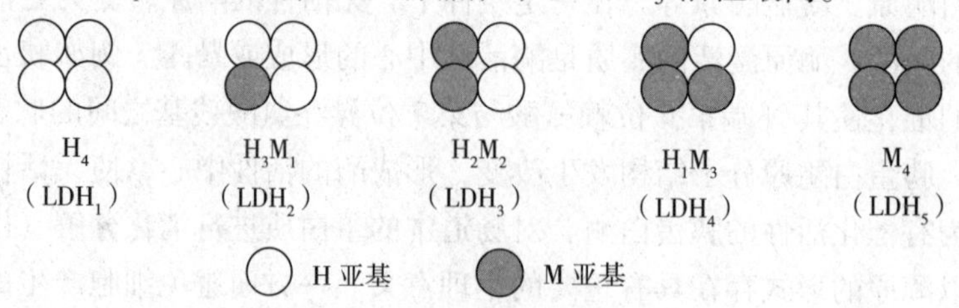

图 3－3　乳酸脱氢酶的同工酶

肌酸激酶是由 M 亚基和 B 亚基组成的二聚体，共有三种同工酶，CK_1（BB）主要存在于脑组织，CK_2（MB）主要存在于心肌，CK_3（MM）主要存在于骨骼肌。

当组织细胞病变时，会有某种特殊的同工酶释放入血。在临床上可根据同工酶谱活性与含量的改变辅助疾病的诊断。如急性肝炎患者 LDH_5 明显升高；心肌梗死的病人发病后6～8小时血清 CK_2 活性升高，24～48小时血清中 LDH_1 活性显著升高，并且 $LDH_1 > LDH_2$（正常血清 $LDH_2 > LDH_1$）；脑损伤时血清中 CK_1 含量明显增高。

（四）酶作用的基本原理

酶的催化作用是通过酶和底物结合形成酶-底物复合物，从而降低反应的活化能来实现的。

1. 降低反应的活化能

在一个化学反应体系中，底物分子所含的能量各不相同，只有那些含能量较高的分子通过碰撞才能进行化学反应，这种分子称为活化分子。底物由非活化分子转变为活化分子所需的能量称为活化能。酶具有高度的催化效率，是因为酶比一般催化剂能更有效地降低反应的活化能。

2. 酶-底物复合物的形成

酶催化底物时，首先酶（E）与底物（S）结合形成酶-底物复合物（ES），然后再将底物转变成产物（P），并释放酶，这一过程称为中间产物学说。释放的酶又可与底物结合继续发挥其催化功能，因此少量的酶可催化大量的底物进行化学反应。

$$E + S \rightarrow ES \rightarrow E + P$$

当酶和底物接近时，其结构相互诱导，相互变形，相互适应，进而相互结合，形成酶-底物复合物。这种二者相互改变进而结合的过程称为酶-底物结合的诱导契合假说（图3-4）。

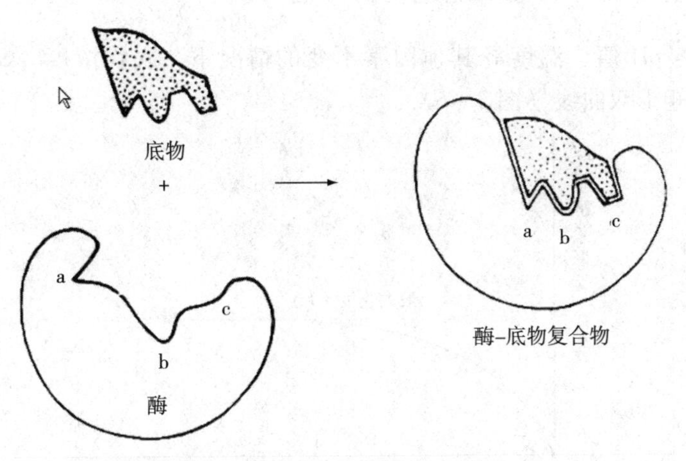

图3-4 酶-底物结合的诱导契合假说示意图

四、影响酶促反应速度的因素

掌握酶促反应速度的变化规律，对临床疾病的诊断和治疗有重要的理论和实践意义。酶活性的充分发挥是决定酶促反应速度的主导因素，衡量酶活性的指标是酶促反应速度（V）。酶促反应速度可以用单位时间内底物的减少量或产物的生成量来表示，它受多种因素的影响，主要有酶浓度、底物浓度、pH 值、温度、激活剂和抑制剂等。研究某一因素对酶促反应速度的影响时，要保持酶促反应体系中的其他因素不变，而单独变动所要研究的因素，并保持严格的反应初速度。

（一）酶浓度对酶促反应速度的影响

在酶促反应体系中，当底物浓度大大超过酶的浓度，且其他条件不变的情况下，酶促反应的速度（V）与酶浓度［E］成正比（图 3-5）。因为［E］越大，［ES］越大，所以 V 越快。

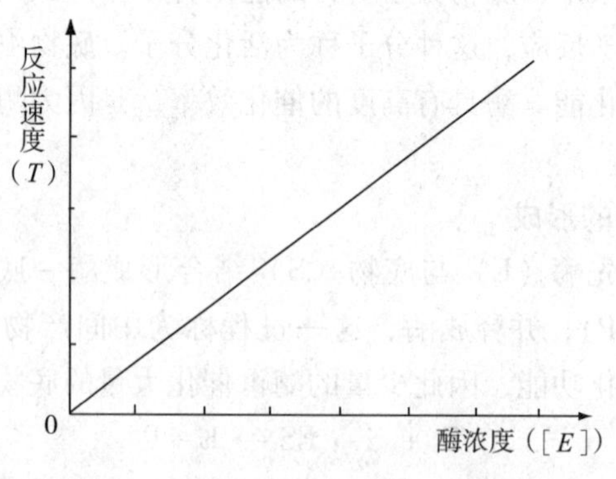

图 3-5 酶浓度对酶促反应速度的影响

（二）底物浓度对酶促反应速度的影响

在酶浓度、pH 值、温度等其他因素不变的情况下，底物浓度［S］与反应速度（V）的关系呈矩形双曲线（图 3-6）。

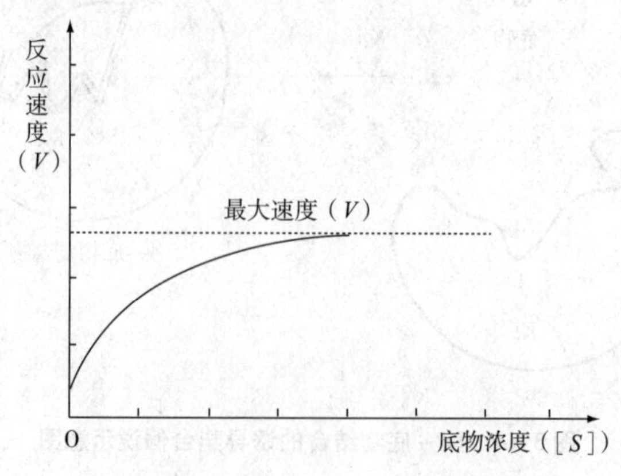

图 3-6 底物浓度对酶促反应速度的影响

由图可知，当底物浓度较低时，反应速度随底物浓度的增加而加快，两者成正比例关系；随着底物浓度的进一步增加，反应速度不再成正比例增加，其增加的幅度不断下降；如果继续加大底物浓度，反应速度将不再增加，而是趋于恒定，此时达到的最大反应速度称为酶促反应的最大速度（V_{max}）。

上述现象可以用中间产物学说解释。当底物浓度较低时，酶的活性中心没有全部与底物结合，中间产物 ES 的生成随底物浓度的增加而成正比增多。当底物增加到一定浓度时，所有酶分子均与底物结合，此时即便再增加底物浓度，中间产物 ES 将不同增加，反应速度也趋于恒定，达到最大。

米氏方程式是反映酶促反应速度 V 和底物浓度［S］之间关系的数学方程式。

$$V=\frac{V_{max}[S]}{K_m+[S]}$$

式中［S］为底物浓度，K_m 为米氏常数，V_{max} 为最大反应速度，V 是不同［S］时的反应速度。

米氏常数在酶学研究中有重要意义：

1. K_m 值等于酶促反应速度为最大反应速度一半时的底物浓度。

2. K_m 值是酶的特征性常数之一，它只与酶的结构、酶所催化的底物和反应环境（如温度、pH 值、离子强度）有关，而与酶的浓度无关。不同的酶，K_m 值不同，大多数酶的 K_m 值在 $10^{-6}\sim10^{-2}$mmol/L 之间。

3. K_m 可反映酶与底物的亲和力。K_m 值愈大，酶与底物的亲和力愈小。K_m 值愈小，酶与底物的亲和力愈大，其中 K_m 值最小的底物是酶的最适底物。

（三）温度对酶促反应速度的影响

温度对酶促反应速度具有双重影响。升高温度一方面可使酶促反应速度加快，另一方面也加快了酶的变性失活。一般来说，低温状态下酶促反应速度随温度的升高而加快，但当温度升到一定程度时，酶促反应速度不仅不再加快，反而随着温度的升高而下降，最终酶因高温变性而失去活性，从而失去催化能力。故以酶促反应速度对温度作图，可得一条钟形曲线（图 3－7）。通常把酶促反应速度最大时的温度称为酶的最适温度。

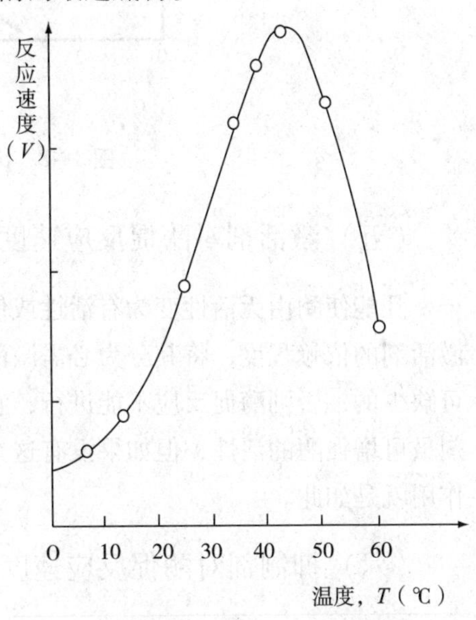

图 3－7　温度对酶促反应速度的影响

人体内酶的最适温度为 37℃左右。许多酶当温度升高到 60℃时开始变性，当温度超过 80℃时，多数酶的变性不可逆转。与高温不同的是，低温可使酶的活性降低，但酶不变性，当温度回升时酶又可恢复其活性。临床上常利用酶的这一性质低温保存酶制品、菌种和血清标本等；外科手术时采用低温麻醉，以减慢组织细胞的代谢速率，提高机体对氧和营养物质缺乏的耐受。同时，还可利用高温使酶变性的原理进行消毒灭菌。

（四）酸碱度对酶促反应速度的影响

酶促反应速度受环境酸碱度的影响，不同 pH 值条件下，酶促反应速度也不同。酶促反应速度最大时的 pH 值，称酶的最适 pH 值（图 3－8）。在最适 pH 值条件下，由于酶的必需基团、辅酶及底物保持最佳的解离状态，使酶与底物的结合程度最大，所以反应速度最快。若偏离最适 pH 值，酶的必需基团和底物的解离发生改变，不利于酶与底物的结合，使反应速度减慢；若过酸或过碱，可使酶变性失活。所以环境酸碱度的改变可以通过影响其解离状态来影响酶促反应的速度。

人体内大多数酶的最适 pH 值与体液的 pH 值一致，为 7.4 左右。但也有例外，如胃蛋白酶的最适 pH 值为 1.8，胰蛋白酶的最适 pH 值为 8.0，肝中精氨酸酶的最适 pH 值为 9.8。

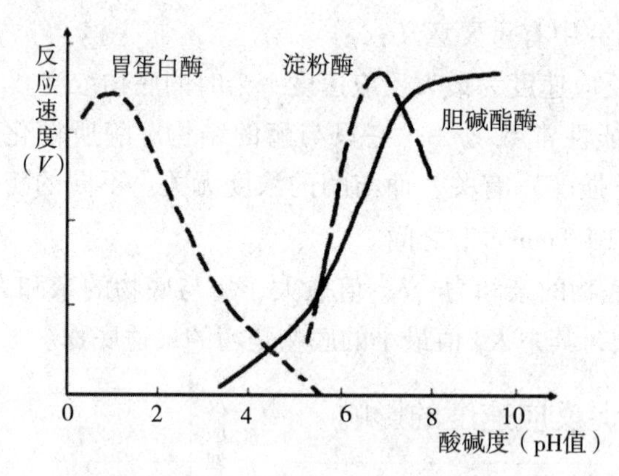

图 3－8　pH 对酶促反应速度的影响

（五）激活剂对酶促反应速度的影响

凡能使酶由无活性变为有活性或使酶活性增强的物质统称为酶的激活剂。根据酶对激活剂的依赖程度，将其分为必需激活剂和非必需激活剂。必需激活剂对酶促反应是不可缺少的，否则酶促反应不能进行，它们多是金属离子，如 Mg^{2+}、K^{+} 等。非必需激活剂虽可增强酶的活性，但如果没有这类激活剂时，酶仍有活性，如胆汁酸盐对脂肪酶的作用就是如此。

（六）抑制剂对酶促反应速度的影响

凡能使酶活性降低而不使酶蛋白变性的物质统称为酶的抑制剂。抑制剂多与酶的活性中心内、外必需基团相结合，从而抑制酶的催化活性。去除抑制剂后，酶仍可表现其原有的活性。抑制剂对酶的抑制作用分以下两类：

1. 不可逆性抑制

抑制剂通常以共价键与酶活性中心的必需基团结合，抑制酶的活性。此类抑制剂不能用透析或超滤方法予以解除，故称不可逆性抑制。这类抑制剂使酶活性受抑制后，必须用某些药物才能恢复酶的活性。如1059、敌百虫等有机磷农药，能特异性地与胆碱酯酶活性中心丝氨酸残基的羟基结合，使酶活性受到抑制，导致乙酰胆碱堆积，迷走神经过度兴奋，从而表现出一系列的中毒症状（如心率减慢、呼吸困难等）。某些药物如解磷定可解除有机磷农药对胆碱酯酶的抑制作用。

某些重金属离子（如 Hg^{2+}、Pb^{2+}、Ag^{2+} 等）、路易斯毒气（含 As^{3+} 的化合物）等，可与酶必需基团中的巯基（-SH）结合，抑制巯基酶的活性，导致人畜中毒或死亡。此类中毒临床上常用二巯丙醇解毒，使酶恢复活性。

2. 可逆性抑制

抑制剂以非共价键与酶的必需基团结合，抑制酶的活性。可用透析或超滤的方法把酶和抑制剂分开，恢复酶活性，故称为可逆性抑制。可逆性抑制分以下两种类型：

（1）竞争性抑制：抑制剂的结构与底物的结构相似，可与底物竞争同一酶的活性中心，阻碍底物与酶的结合，导致酶促反应速度减慢，这种抑制作用称竞争性抑制。由于抑制是可逆的，故抑制程度取决于抑制剂浓度和底物浓度的相对比例。在竞争性抑制中，可以通过增加底物浓度来解除这种抑制。

丙二酸对琥珀酸脱氢酶的抑制作用是竞争性抑制的典型例子。丙二酸与琥珀酸的结构相似，是琥珀酸脱氢酶的竞争性抑制剂。当琥珀酸浓度增大时，抑制作用减弱；当丙二酸浓度增大时，抑制作用增强。

竞争性抑制在临床上有重要的实际应用，可用来阐述某些药物的作用机制，磺胺类药物是典型代表。对磺胺类药物敏感的细菌，在生长繁殖时，不能直接利用环境中的叶酸，而是在细菌体内以对氨基苯甲酸、二氢蝶呤及谷氨酸作为原料，在二氢叶酸合成酶的催化下合成二氢叶酸（FH_2)），继而合成四氢叶酸（FH_4），最终合成核酸，促进细菌的生长繁殖。磺胺类药物的化学结构与对氨基苯甲酸的结构十分相似，是二氢叶酸合成酶的竞争性抑制剂，能与对氨基苯甲酸竞争细菌体内二氢叶酸合成酶的活性中心，抑制 FH_2 的合成，进而减少 FH_4 的生成，细菌则因核酸合成受阻而影响其生长繁殖。根据竞争性抑制的特点，服用磺胺类药物时，必须保持血液中药物的浓度较高，才能发挥磺胺类药物的最佳抑菌作用。人类能直接利用食物中的叶酸，所以人类核酸合成不受磺胺类药物的干扰。

（2）非竞争性抑制：抑制剂的结构与底物结构不相似，不能与底物竞争同一酶的活性中心，而是与酶活性中心外的必需基团结合，抑制酶的活性，称为非竞争性抑制。抑制剂对酶活性的抑制程度，取决于抑制剂的绝对浓度，与底物浓度无关。抑制剂浓度越大，抑制作用越强。

五、酶的分类、命名及与医学的关系

（一）酶的分类

根据国际酶学委员会的规定，按酶促反应的性质将酶分成六大类：

1. 氧化还原酶类

催化底物进行氧化还原反应的酶类。如乳酸脱氢酶、加氧酶、氧化酶等。

2. 转移酶类

催化底物分子之间基团转移或交换的酶类。如甲基转移酶、丙氨酸氨基转移酶、糖原磷酸化酶等。

3. 水解酶类

催化底物进行水解反应的酶类。如淀粉酶、蛋白酶、磷酸酶等。

4. 裂解酶类

催化一个底物分解为两分子产物或其逆反应的酶类。如柠檬酸合成酶、醛缩酶、水化酶等。

5. 异构酶类

催化各种同分异构体之间相互转化的酶类。如磷酸丙糖异构酶、顺乌头酸酶等。

6. 合成酶类

催化两分子底物合成一分子化合物，同时偶联有 ATP 的磷酸键断裂释放能量的酶类。如谷氨酰胺合成酶、羧化酶、氨基酰 - tRNA 合成酶等。

（二）酶的命名

1. 习惯命名法

（1）根据底物的名称命名，如淀粉酶、脂肪酶、蛋白酶等。

（2）根据反应的性质命名，如脱氢酶、脱羧酶、转移酶等。

（3）综合上述两种方法，有时不加上酶的来源与特点命名，如唾液淀粉酶、胃蛋白酶、酸性磷酸酶、乳酸脱氢酶等。

2. 系统命名法

系统命名法要求必须标明酶的底物和反应性质，如果是多底物，底物名称之间以“:”隔开，使每一个酶只有一种名称。如乳酸脱氢酶的系统命名为 L - 乳酸：NAD^+ 氧化还原酶。系统命名法严谨、直观，但名称过长，使用不便。

（三）酶与医学的关系

1. 酶与疾病的病因

体内物质代谢均在酶的催化下，通过各种因素的调控，有条不紊地进行。当酶的质和量异常或酶活性受抑制时，常是某种疾病发生的病因。酶缺陷引起的疾病多为先天性或遗传性疾病。如白化病是由酪氨酸羟化酶缺乏引发的，蚕豆病则是缺乏葡萄糖 - 6 - 磷酸脱氢酶引发的。激素代谢障碍或维生素缺乏也可影响某些酶的活性，如胰岛素分泌不足，导致多种酶活性异常而引发糖尿病。维生素 K 缺乏时，谷氨酰羧化酶活性降低，造成凝血功能障碍。许多中毒性疾病几乎都是由于某些酶活性被抑制所引起的，如常见的有机磷农药中毒、重金属盐中毒、氰化物中毒等。

2. 酶与疾病的诊断

正常人体内酶活性较稳定，当人体某些器官和组织受损或发生疾病后，导致血液或其他体液中一些酶活性异常，临床上测定这些酶的活性有助于疾病的诊断。如测定血清中丙氨酸氨基转移酶的活性，可诊断肝脏的受损程度；急性胰腺炎时，血清和尿中淀粉酶活性显著升高等等。因此，借助血液或其他体液中酶的活性测定，可以了解或判定某些疾病的发生和发展。

另外，许多遗传性疾病是由于先天性缺乏某种酶所致，故在出生前，可从羊水或绒毛中检测该酶的活性，做出产前诊断，有助于预防先天性疾病，提高人口素质。

3. 酶与疾病的治疗

近年来，酶疗法已逐渐被人们所认识，各种酶制剂在临床上的应用越来越普遍。如消化腺分泌不足所致的消化不良可补充胃蛋白酶、胰蛋白酶，外科伤口净化及浆膜粘连可用胰蛋白酶、纤溶酶进行治疗。还可利用酶的竞争性抑制的原理，合成一些化学药物，起到抗菌和抗肿瘤的作用。如磺胺类药物能抑制某些细菌生长所必需的酶类而抑制细菌的生长；某些抗肿瘤药物能抑制细胞内核酸或蛋白质合成所需的酶类，从而抑制肿瘤细胞的分化与增殖，对抗肿瘤的生长。但由于酶是蛋白质，具有很强的抗原性，故体内用酶治疗疾病还受到一定的限制。

4. 酶与医学检验

酶作为临床检验的工具已被广泛的应用。在临床上酶可以作为试剂对一些化合物和酶的活性进行测定分析。酶法分析具有高效、准确、灵敏和专一的特点。在生化反应中常用酶法分析测定血液中的葡萄糖、胆固醇、肌酐等含量，在免疫检验中可通过酶标记测定法来检测微量的抗原和抗体，如对乙型肝炎表面抗原、艾滋病毒抗体、一些肿瘤标记物（甲胎蛋白、癌胚抗原等）的检测都用到此方法。另外在聚合酶链反应（PCR）技术中，也离不开一些工具酶。

第二节　常用的血清酶学检验

20 世纪初在临床就开始测定体液中的酶来诊断疾病，随着医疗技术的不断发展，越来越先进的诊断设备不断在临床上广泛应用，但血清酶学的检验在临床疾病的诊断上一直发挥着重要作用，如肌酸激酶、乳酸脱氢酶、碱性磷酸酶、酸性磷酸酶及淀粉酶等的检验对临床上许多相应疾病的诊断具有重要的参考意义。

一、肌酸激酶及其同工酶

肌酸激酶（CK）由 B 亚基和 M 亚基组成，有三种同工酶，即 CK_1、CK_2、CK_3。肌酸激酶主要分布于骨骼肌、心肌、脑组织，此外还存在于子宫、胃肠道平滑肌中，在肝细胞和红细胞中含量很少甚至没有。骨骼肌含 CK 最多，主要是 CK_3，CK_2 很少，而没有 CK_1。心肌中主要是 CK_2。脑组织中基本上是 CK_1。

正常成年男性 CK 参考值（显色法）：惯用单位 0.5～3.6U/ml，国际单位 8～60U/

L。CK 含量与肌肉多少有关，肌肉多者 CK 也多。骨骼肌、心肌和脑疾患时，CK 常明显升高，而长期卧床患者、甲状腺功能亢进者，CK 出现不同程度的下降。

检验 CK 主要用于急性心肌梗死早期诊断和判断溶栓治疗的疗效以及判断疾病预后。在心肌梗死发生 2～4 小时后，此酶即开始升高，12～48 小时达高峰，最高可达正常上限的 10～12 倍，在 2～4 天降至正常水平。此酶在诊断心肌梗死方面较 AST、乳酸脱氢酶的阳性率高、特异性强，是急性心肌梗死诊断的重要指标。此外，心肌炎、肌肉损伤、肌萎缩、多发性肌炎、脑血管意外及甲状腺功能低下，CK 均增高。

二、乳酸脱氢酶及其同工酶

乳酸脱氢酶（LDH）由 H 亚基和 M 亚基组成，有五种同工酶。测定血清 LDH 有两种方法，一种是以丙酮酸为底物，参考值为 80～500U/L（37℃），另一是以乳酸为底物，参考值为 50～150U/L。LDH 同工酶在各组织器官的分布和含量不同，肝、骨骼肌 LDH_5 活性较高，心肌中 LDH_1 活性最高。血清中 LDH 同工酶的含量一般是 $LDH_2 > LDH_1 > LDH_3 > LDH_4 > LDH_5$。

LDH 及其同工酶是临床检验的常用酶之一，急性心肌梗死、心肌炎、病毒性肝炎、肝硬化、原发性肝癌及某些恶性肿瘤，血清 LDH 可升高，故在临床上可通过检验 LDH 及其同工酶帮助上述疾病的诊断及鉴别诊断。

三、碱性磷酸酶

碱性磷酸酶（ALP）是一组底物特异性很低，在碱性环境下能水解多种磷酸单酯化合物的酶，Mg^{2+} 和 Mn^{2+} 是其激活剂。ALP 广泛存在于机体各种组织中，尤以肝、肾、骨组织含量较多。

不同检验方法，ALP 的含量不一样。目前国内应用较多的方法是以磷酸对硝基酚为底物，以 2－氨基－2－甲基丙醇为缓冲液，37℃测定，成年人参考值为 40～150U/L。

不同年龄人群的 ALP 有较大差异，但个体间差异较小，在判断 ALP 检验结果时，必须结合病人的具体情况，进行具体分析。

ALP 升高见于许多骨组织疾病，如佝偻病、软骨病、原发性和继发性骨肿瘤、骨折、肢端肥大症等，特别是佝偻病和软骨病在发病早期，即出现 ALP 的升高，因此，测定 ALP 对早期诊断这两种疾病具有重要参考价值。

测定 ALP 也可用于对黄疸的鉴别诊断。阻塞性黄疸时，血清 ALP 早期明显升高，可达正常上限值的 10～15 倍。肝细胞性黄疸时，ALP 仅轻度增加，一般不超过正常上限的2～3倍。约有半数原发性肝癌患者血中 ALP 常明显升高，如发现无黄疸型肝病人血清 ALP 升高，应警惕有无肝癌的可能性。

血清 ALP 降低比较少见，主要见于呆小病、磷酸酶过少症及维生素 C 缺乏。

四、酸性磷酸酶

酸性磷酸酶（ACP）是一组作用类似于碱性磷酸酶的酶，不同点是最适酸碱度偏酸，pH 值为 4.5～7.0。ACP 存在于体内所有细胞中，主要存在于溶酶体内。

不同检验方法参考值不同，现多采用比色法测定血清酸性磷酸酶，其参考值为 0.5～1.9 U/L，男女无差异。

临床测定血清 ACP 主要用作前列腺癌的辅助诊断及疗效观察指标。前列腺癌特别是有转移时，血清 ACP 可明显升高，溶血性疾病、变形性骨炎等血清 ACP 也可轻度升高。

五、淀粉酶

淀粉酶（AMY）主要由胰腺和唾液腺分泌，具有消化多糖化合物的功能。它主要分布于肠道内，少部分存在于卵巢、肺、睾丸、横纹肌和脂肪组织中。

目前国内多采用苏士杰碘－淀粉显色法测定血清淀粉酶的活性，由于不同实验室所用试剂来源不同，因而结果也不一样，一般为 80～180 苏氏单位。

临床上测定 AMY 主要用于诊断急性胰腺炎。急性胰腺炎发病后 8～12 小时血清 AMY 开始升高，20～30 小时达高峰，一般可达到上限值的 4～6 倍，最高可达 40 倍。2～5 天后下降至正常。

急性阑尾炎、肠梗阻、胰腺癌、胆石症、溃疡病穿孔及吗啡注射后也可升高，但常低于 500 单位。

第三节　维 生 素

一、维生素的概念与分类

1. 维生素的概念

维生素是维持机体正常生命活动所必需的一类小分子有机化合物，是人体必需的六大营养素之一。

维生素的种类很多，化学结构、生理功能各不相同，但它们具有以下共同特点：①既不参与机体的构成，也不为机体提供能量，其主要功能是参与及调节物质代谢和能量代谢。②大多数维生素在体内不能合成，或合成量极少，必须从食物中摄取。③机体对维生素的需要量很少，但不能缺乏。如果长期缺乏某种维生素，即可导致物质代谢障碍，引起相应的维生素缺乏病。

2. 维生素的分类

根据维生素的溶解性质不同，将其分为两大类。

（1）脂溶性维生素：不溶于水，易溶于有机溶剂和脂类的维生素称为脂溶性维生素，主要包括维生素 A、D、K、E。

（2）水溶性维生素：易溶于水的维生素称为水溶性维生素，主要包括 B 族维生素和维生素 C 两大类。B 族维生素主要有维生素 B_1、B_2、B_6、B_{12}、PP、叶酸、泛酸、生物素等。

知识链接

维生素 C 与坏血病

哥伦布是16世纪意大利伟大的航海家，他带领船队在大西洋上乘风破浪，远航探险。那时海上生活极其艰苦，船员们每天只能吃到黑面包和咸鱼，长期缺乏新鲜蔬菜和水果。航海期间很容易得一种怪病，病人浑身无力，全身出血，甚至慢慢死亡，船员们把这种怪病叫“海上凶神”，它夺去了无数条鲜活的生命。后来人们研究发现所谓“海上凶神”就是“坏血病”，其病因就是由于人体内长期缺乏维生素 C 而引起的。

二、辅酶与维生素

1. 维生素 B_1 与 TPP

维生素 B_1 分子由噻唑环和嘧啶环两部分组成，因含有硫和氨基，故称为硫胺素。维生素 B_1 在体内经磷酸化转变成焦磷酸硫胺素（TPP），构成 α－酮酸氧化脱氢酶系的辅酶。

TPP 在催化 α－酮酸氧化时，可转移醛基，同时还是转酮基酶的辅酶。缺乏维生素 B_1，可导致糖代谢障碍，出现多发性神经炎、消化不良、肌肉萎缩、全身无力等症状，甚至心力衰竭，俗称脚气病。

2. 维生素 B_2 与 FMN、FAD

维生素 B_2 是异咯嗪衍生物，呈黄色，又名核黄素。维生素 B_2 在体内可转化为黄素单核苷酸（FMN）和黄素腺嘌呤二核苷酸（FAD）。

它们分别与不同的酶蛋白结合组成一些氧化还原酶，因其呈黄色，故称黄素蛋白。在酶促反应中 FMN 和 FAD 起传递氢的作用。缺乏维生素 B_2 可发生口角炎、舌炎。

3. 维生素 PP 与 NAD^+、$NADP^+$

维生素 PP 包括烟酸和烟酰胺，属吡啶衍生物。在人体内被转化为烟酰胺腺嘌呤二核苷酸（NAD^+）和烟酰胺腺嘌呤二核苷酸磷酸（$NADP^+$），构成多种脱氢酶的辅酶，传递氢和电子。缺乏维生素 PP，可引发皮炎、皮肤粗糙、腹泻、懒惰、痴呆等症状，称癞皮病。

4. 维生素 B_6 与磷酸吡哆醛

维生素 B_6 属吡啶衍生物，包括吡哆醇、吡哆醛和吡哆胺。在体内吡哆醇可转化为吡哆醛和吡哆胺。经磷酸化生成的磷酸吡哆醛和磷酸吡哆胺是转氨酶的辅酶，起传递氨基的作用。

5. 泛酸与 HSCOA

泛酸在体内转变成辅酶 A（HSCOA），构成酰基转移酶的辅酶。HSCOA 由巯乙胺、泛酸、3′－磷酸腺苷酸－5′－焦磷酸三部分组成。

6. 生物素

生物素是由噻吩和尿素结合而成的化合物。在体内直接作为羧化酶的辅基，在羧化反应中可与二氧化碳结合，并将二氧化碳固定在底物分子上，使其羧化。缺乏生物素，可出现皮肤干燥、脱屑、贫血、精神抑郁等症状。

7. 叶酸与 FH_4

叶酸因绿叶中含量丰富而得名。它由喋啶、对氨基苯甲酸、谷氨酸组成，在体内可还原生成四氢叶酸（FH_4），成为一碳单位转移酶的辅酶。一碳单位参与嘌呤、嘧啶核苷酸的合成。缺乏叶酸时，体内核酸合成受阻，骨髓幼红细胞分裂、成熟速度减慢，细胞体积增大，发生巨幼红细胞性贫血。

8. 维生素 B_{12}

维生素 B_{12} 又称钴胺素。其结构复杂，在体内有多种形式，其甲基钴胺素是维生素 B_{12} 的主要辅酶形式，能将 N^5－甲基四氢叶酸分子中的甲基转移利用，使 FH_4 再生，提高叶酸的利用率。缺乏维生素 B_{12}，体内叶酸利用率降低，可发生巨幼红细胞性贫血。

B 族维生素与辅酶的关系见表 3－1。

表 3－1　B 族维生素与辅酶（辅基）

维生素	辅酶（辅基）形式	酶类	在反应中的作用
维生素 B_1	TPP	α－酮酸脱氢酶系	参与 α－酮酸脱羧
维生素 B_2	FMN、FAD	黄素酶	递氢体
维生素 PP	NAD^+、$NADP^+$	不需氧脱氢酶	递氢、递电子体
维生素 B_6	磷酸吡哆醛、磷酸吡哆胺	转氨酶、脱羧酶	传递氨基、脱羧
泛酸	HSCOA	酰基转移酶	酰基载体
生物素	生物素	羧化酶	二氧化碳载体
叶酸	FH_4	一碳单位转移酶	传递一碳单位
维生素 B_{12}	甲基钴氨素	转甲基酶	转运甲基

同步训练

1. 酶是______产生的具有______作用的蛋白质。
2. 结合酶由______和______两部分构成。
3. 活性中心内的必需基团有两种，即______和______。
4. 根据维生素的溶解性质不同，将其分为______和______两大类。
5. B 族维生素的共同特点是______。
6. 简述酶促反应的些特点。
7. 影响酶促反应速度的因素有哪些?
8. 简述磺胺类药物作用的机制。

第四章 生物氧化

知识要点

掌握线粒体生物氧化体系；熟悉生物氧化的概念及特点、ATP 的生成方式；了解 ATP 的生理作用、非线粒体氧化体系。

第一节 生物氧化的概念及特点

一、生物氧化的概念

营养物质在生物体内彻底氧化分解生成 CO_2 和 H_2O 并释放能量的过程称为生物氧化。由于这一过程是在组织细胞内进行，消耗 O_2，产生 CO_2，因此又称为组织呼吸或细胞呼吸。生物氧化的重要意义在于为生物体提供生命活动所需的能量。

二、生物氧化的特点

营养物质在体内氧化和在体外燃烧都是消耗 O_2，生成 CO_2 和 H_2O，并释放相同的能量，但生物氧化和体外燃烧比较有明显的特点：①反应条件温和，生物氧化是在体温37℃、pH 近中性的体液中进行的一系列酶促反应。②能量逐步释放，其中一部分以热能的形式散发维持体温，另一部分则以高能化合物（主要是 ATP）的形式储存，能量利用率高。③生物氧化的方式是以脱氢（失电子）为主，代谢物脱下的氢主要通过氧化呼吸链传递给 O_2 生成 H_2O。④CO_2 是通过有机酸的脱羧基反应生成的。

三、CO_2 的生成

生物氧化中产生的 CO_2 是营养物质分解代谢过程中形成的中间产物有机酸脱羧基生成的。根据脱去的羧基在有机酸分子中的位置不同，可将脱羧反应分为 α－脱羧和 β－脱羧，又根据有机酸在脱羧的同时是否伴有脱氢，可将脱羧反应分为单纯脱羧和氧化脱羧。因此，体内 CO_2 的生成方式有四种：α－单纯脱羧、α－氧化脱羧、β－单纯脱羧和 β－氧化脱羧。

第二节　线粒体生物氧化体系

线粒体在生物氧化过程中具有特殊的重要性，它是营养物质进行彻底氧化的重要场所。因为在其内膜上存在着生物氧化反应所需的一系列酶类。

一、呼吸链

在线粒体内膜上，由一系列递氢体和递电子体按一定顺序排列构成的，能将底物脱下的氢传递给氧生成水的连锁反应称为呼吸链。递氢体和递电子体是指呼吸链中能传递氢或电子的氧化还原酶类。

二、呼吸链的组成

在线粒体内，组成呼吸链的递氢体和递电子体包括以下五类：

1. 烟酰胺腺嘌呤二核苷酸（NAD^+）

NAD^+又称辅酶Ⅰ，是维生素 PP 参与构成的辅酶类核苷酸。其分子中烟酰胺可逆地进行加氢和脱氢反应，故称为递氢体。烟酰胺在加氢反应时只能接受 1 个氢原子和 1 个电子，另将一个H^+游离出来，因此将还原型的NAD^+写成$NADH^+H^+$（图 4－1）。体内大多数有机物脱氢酶的辅酶为NAD^+。

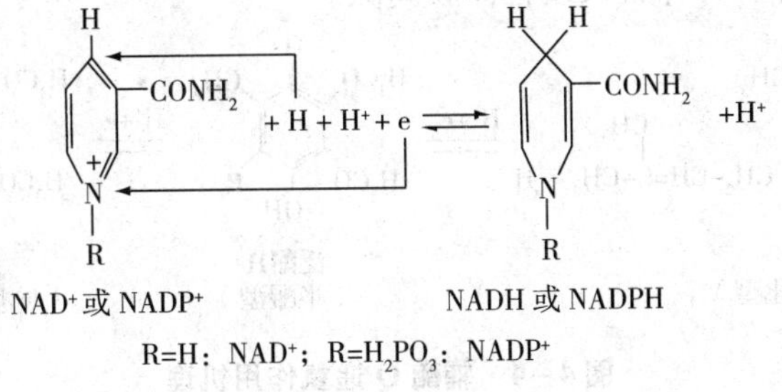

NAD^+或$NADP^+$　$+H+H^++e \rightleftharpoons$　NADH或NADPH　$+H^+$

R=H：NAD^+；R=H_2PO_3：$NADP^+$

图 4－1　NAD^+和$NADP^+$的递氢机制

2. 黄素酶类

线粒体内的黄素酶有两类，分别以黄素单核苷酸（FMN）和黄素腺嘌呤二核苷酸（FAD）为辅基。FMN 和 FAD 都是由维生素 B_2 参与构成的辅酶类核苷酸，其结构中的异咯嗪环能进行可逆的加氢和脱氢反应，是重要的递氢体（图 4－2）。

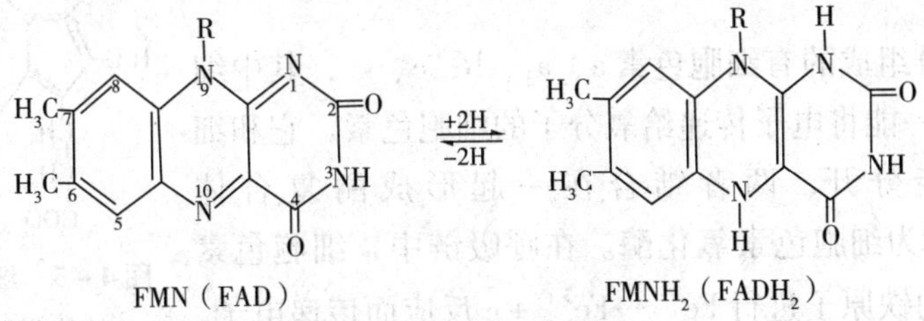

FMN（FAD）　$\underset{-2H}{\overset{+2H}{\rightleftharpoons}}$　$FMNH_2$（$FADH_2$）

图 4－2　FMN 及 FAD 的递氢机制

3. 铁硫蛋白（Fe-S）

铁硫蛋白是分子中含有铁和硫的一类蛋白质，通过其活性部位的Fe^{2+}（还原型）和Fe^{3+}（氧化型）的互变达到传递电子的作用（图4-3）。在呼吸链中铁硫蛋白多和黄素蛋白或细胞色素b结合存在，是单纯的递电子体。

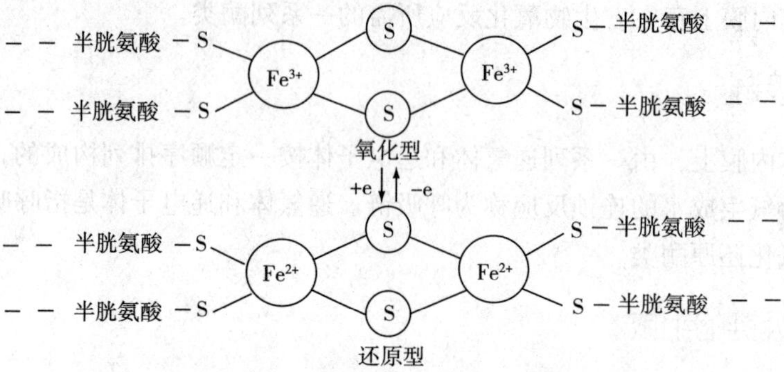

图4-3 铁硫蛋白电子传递机制

4. 辅酶Q

辅酶Q是一种脂溶性的醌类衍生物，因广泛存在于生物界，故又称泛醌。其分子中的苯醌结构能接受两个氢原子还原成二氢泛醌（$CoQH_2$）（图4-4），然后迅速传递电子给细胞色素，并把$2H^+$释放入线粒体膜间隙。

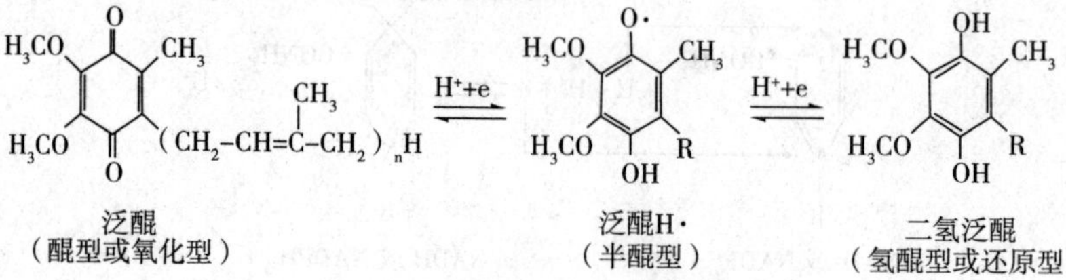

图4-4 辅酶Q递氢作用机理

5. 细胞色素

细胞色素（cyt）是以铁卟啉为辅基的一类结合蛋白（图4-5），在动、植物细胞内已发现有30多种，根据吸收光谱不同，可将细胞色素分为a、b、c（Cyta、Cytb、Cytc）三类。

参与呼吸链组成的有细胞色素a、a_3、b、c、c_1，其中细胞色素a_3是唯一能将电子传递给氧分子的细胞色素，它和细胞色素a不能分开，两者结合在一起形成酶复合体（$Cytaa_3$），又称为细胞色素氧化酶。在呼吸链中，细胞色素依靠铁卟啉中的铁原子进行$Fe^{2+} \leftrightarrow Fe^{3+} + e$反应而传递电子，传递电子的顺序是$Cytb \rightarrow Cytc_1 \rightarrow Cytc \rightarrow Cytaa_3 \rightarrow O_2$（图4-6）。

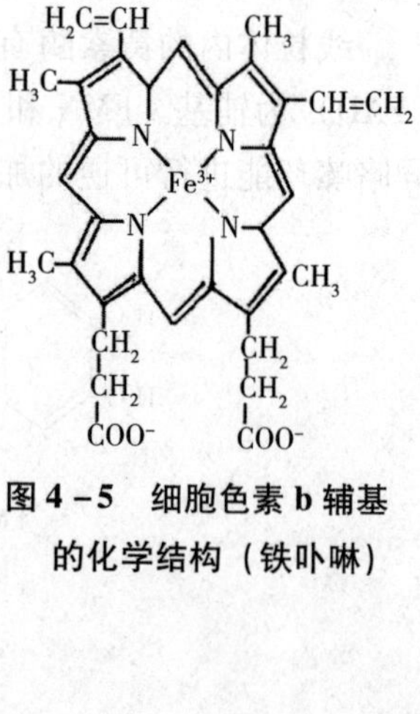

图4-5 细胞色素b辅基的化学结构（铁卟啉）

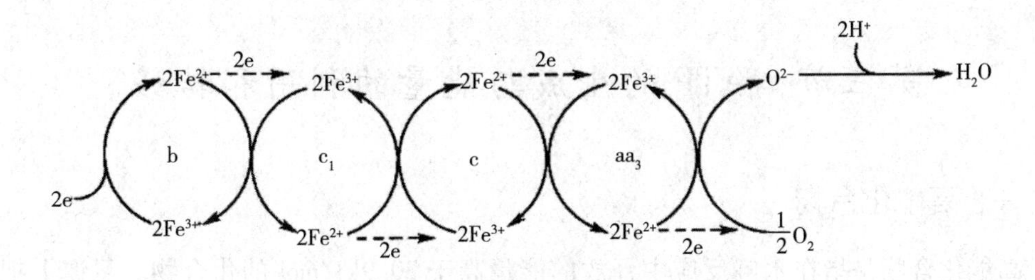

图 4-6　细胞色素系统传递电子的过程

三、呼吸链中氢和电子的传递

呼吸链各组分的排列顺序是根据多项实验研究来确定的。目前认为线粒体内重要的呼吸链有两条，即 NADH 氧化呼吸链和琥珀酸氧化呼吸链（$FADH_2$ 氧化呼吸链）。

1. NADH 氧化呼吸链

NADH 氧化呼吸链是线粒体中的主要呼吸链。生物氧化中大多数代谢物（如丙酮酸、苹果酸、异柠檬酸、α－酮戊二酸等）在以 NAD^+ 为辅酶的脱氢酶催化时，脱下的 2H 都由 NAD^+ 接受生成 NADH + H^+，后者再将 2H 传给 FMN 生成 $FMNH_2$。接着 $FMNH_2$ 又将 2H 传给 CoQ 生成 $CoQH_2$。$CoQH_2$ 在细胞色素体系催化下脱氢，脱下的 2H 分解成 $2H^+$ 和 2e，$2H^+$ 游离于介质中，2e 先由 Cytb 接受，然后通过 $Cytc_1 \rightarrow Cytc \rightarrow Cytaa_3$ 的顺序传递，最后交给分子氧，氧被激活生成氧离子，与基质中的 $2H^+$ 结合生成 H_2O（图 4－7）。

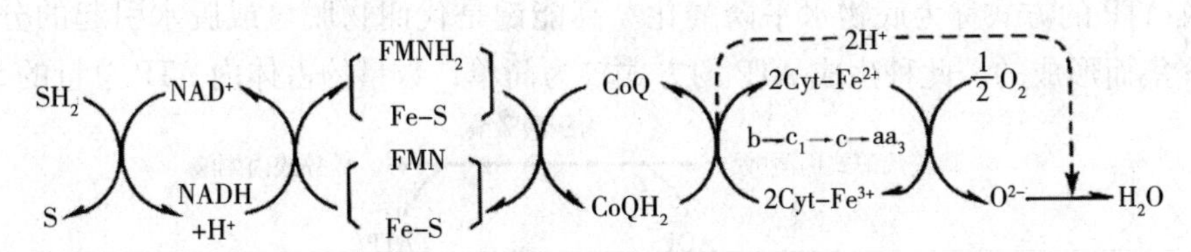

图 4－7　NADH 氧化呼吸链

2. $FADH_2$ 氧化呼吸链

生物氧化中代谢物（如琥珀酸、脂肪酰 CoA 等）被以 FAD 为辅基的脱氢酶催化时，代谢物脱下 2H，由 FAD 接受生成 $FADH_2$，然后将 2H 传递给 CoQ 生成 $CoQH_2$，再往下的传递过程和 NADH 氧化呼吸链完全相同（图 4－8），即两条呼吸链的汇合点是 CoQ。此呼吸链要比 NADH 氧化呼吸链稍短一些。

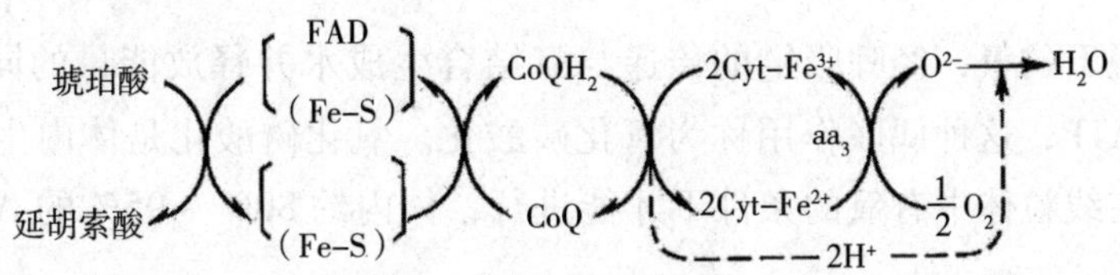

图 4－8　琥珀酸氧化呼吸链

第三节 ATP的生成与能量的利用和转移

一、高能化合物

高能化合物是指在水解反应中释放的能量高于20.9kJ/mol的化合物。习惯上把高能化合物发生水解反应的化学键称为高能键，并以“～”表示。常见的高能键是高能磷酸键（～P），主要存在于多磷酸核苷酸的第二和第三个磷酸键中，如ATP、ADP、GTP、GDP等。体内最重要的高能化合物是ATP，可被机体组织细胞直接利用。此外还有一些高能硫酯键（～S）存在于营养物质代谢过程的中间产物中，如乙酰CoA、琥珀酰CoA等。

二、ATP的生成方式

ATP是人体能量的直接供应者，但ATP在人体内不能储存，体内ATP是由ADP磷酸化生成的，根据反应所需的能量来源不同，可将ATP的生成方式分为两种，即底物水平磷酸化和氧化磷酸化。

（一）底物水平磷酸化

物质代谢过程中，底物分子上形成高能键，将此高能键转移给ADP，生成ATP，这种生成ATP的方式称为底物水平磷酸化。高能键是代谢物脱氢或脱水引起的分子内部能量聚集而形成的。此种生成ATP的方式较为简单，数量约占体内ATP总量的5%。

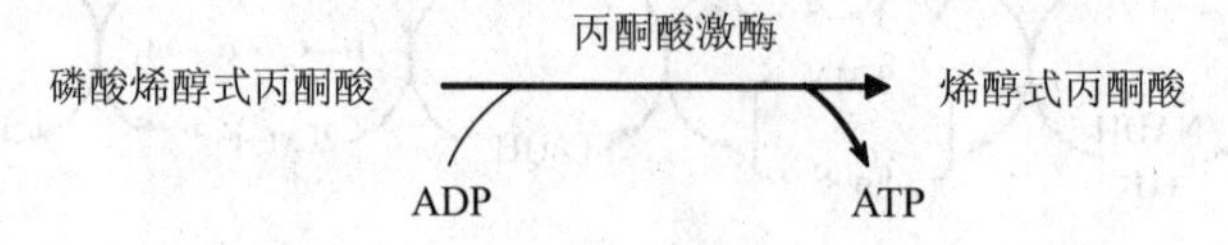

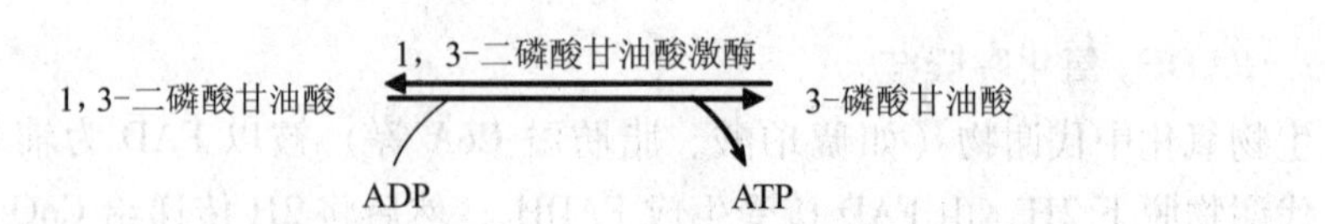

（二）氧化磷酸化

代谢物脱下的氢，经呼吸链的传递与氧结合生成水并释放能量的同时，伴有ADP磷酸化生成ATP，这种偶联作用称为氧化磷酸化。氧化磷酸化是体内生成ATP的主要方式，只能在线粒体中有氧的条件下才能进行，体内约80%～95%的ATP是通过这种方式生成的。

1. 氧化磷酸化偶联部位

经过许多实验证明，当氢和电子从NADH开始通过呼吸链传递给氧生成水时，有3

个部位释放的能量大于30.5kJ/mol，可使3分子ADP磷酸化生成ATP。这种在呼吸链上氧化释放较高的能量，能使ADP磷酸化生成ATP的部位称为氧化磷酸化偶联部位。代谢物脱下的氢经过NADH氧化呼吸链传递给氧过程中，有三个偶联部位，生成3分子ATP，而经过$FADH_2$氧化呼吸链传递过程中有两个偶联部位，生成2分子ATP（图4-10）。

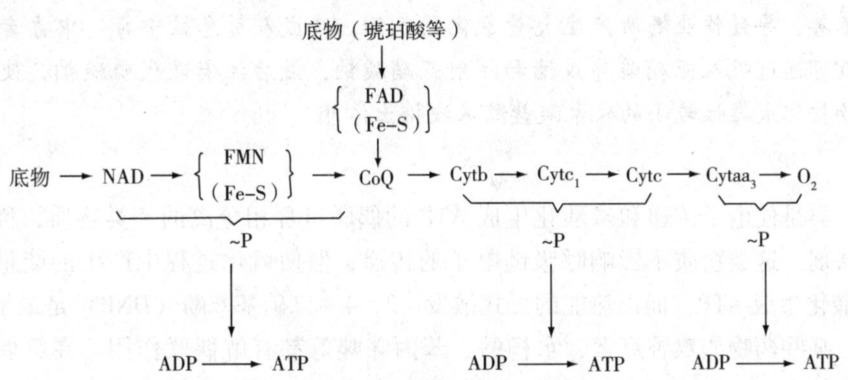

图4-10 氧化磷酸化偶联部位示意图

2. 影响氧化磷酸化的因素

（1）［ATP］/［ADP］的调节作用：当机体的运动量增加使ATP的消耗增多时，导致线粒体内［ATP］/［ADP］值降低，促使氧化磷酸化速度加快，生成ATP增多，反之，氧化磷酸化速度则减慢。这种调节作用可改变体内物质氧化的速度，使体内ATP的生成速度适应生理需要，这对机体合理地利用能源、避免能源的浪费具有重要的意义。

（2）甲状腺素的调节作用：甲状腺素是调节机体能量代谢的重要激素，它可以诱导许多组织、细胞膜Na^+-K^+-ATP酶的生成，使ATP水解生成ADP和Pi的速度加快，从而促进氧化磷酸化的进行。由于ATP的合成和分解都加快，机体耗氧量和产热量都增加，所以甲状腺功能亢进患者出现基础代谢率增高，表现出多食易饥、体重下降、心动过速及呼吸加快、体温增高、怕热多汗等现象。

（3）抑制剂的作用：某些药物或毒物对氧化磷酸化有抑制作用，根据其作用机制可分为两类。

一类是阻断呼吸链上某部位电子传递的物质，也称为呼吸链抑制剂（如阿米妥、鱼藤酮、抗霉素A、一氧化碳和氰化物等）（图4-11）。这类物质使呼吸链中氢和电子传递中断，细胞内的呼吸作用停止。此时，即使氧的供应充足，细胞也不能利用，造成组织严重缺氧，能源断绝，甚至危及生命。

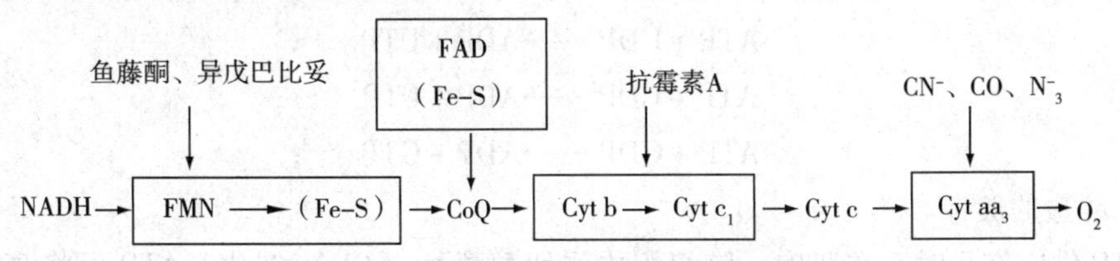

图4-11 抑制剂对呼吸链的阻断作用

知识链接

氰化物中毒及抢救

氰化物中毒在临床上的病例较为常见，如误食过量含有氰化物的苦杏仁、桃仁、白果、木薯等，或在生产生活中因为氰化物使用不当、通风不良和管理不善，导致作业场所产生大量氰化氢气体，造成人员急性中毒。中毒者的抢救可通过吸入亚硝酸异戊酯和注射亚硝酸钠，最后注射硫代硫酸钠，使氰化物转化成毒性较小的硫氰酸盐随尿液排出体外。

另一类是使电子传递和磷酸化生成 ATP 的偶联过程相分离的一类物质，称为呼吸链解偶联剂。这类物质不影响呼吸链电子的传递，但使氧化过程中产生的能量不能使 ADP 磷酸化生成 ATP，而以热能的形式散发。2，4-二硝基苯酚（DNP）是最早发现的偶联剂，某些药物如双香豆素、水杨酸、苯丙咪唑等都有解偶联作用。在解偶联状态下，线粒体内 ADP 不能生成 ATP，以致体内 ADP 堆积，刺激细胞呼吸，氧化过程加速，细胞耗氧量增加，氧化时释放的能量大部分以热能的形式损失。冬眠动物棕色脂肪组织的解偶联作用可有助于其保持体温。少量的解偶联剂如阿司匹林在体内分解后产生的水杨酸可通过增加体内产热使机体大量排汗而加速散热，达到降温的目的。

三、ATP 的利用和能量的转移

ATP 是生物界普遍存在的直接供能物质。在正常生理情况下，能量的转移和利用主要通过 ATP 与 ADP 的相互转变来实现。

1. ATP 的利用

ATP 分子中有两个高能磷酸键（~P），主要存在于第二和第三个磷酸键中，在机体活动需要时，ATP 水解为 ADP 和 Pi，释放的能量可以满足各种生理活动的需要，如肌肉收缩、神经传导等。ADP 又可以通过磷酸化获得高能磷酸再生成 ATP。ATP 和 ADP 两者的相互转换非常迅速，是体内能量转换的基本方式，可被机体组织细胞直接利用。

2. 能量的转移

在体内某些物质合成代谢过程中，还需要其他的三磷酸核苷作为直接能源提供能量，如糖原合成需要 UTP 供能、磷脂合成需要 CTP 供能、蛋白质合成需要 GTP 供能等。ATP 可将其分子中的~P 转移给其他相应的二磷酸核糖核苷，生成相应的三磷酸核苷，这些三磷酸核苷的生成和补充都依赖于 ATP。

$$ATP + UDP \longrightarrow ADP + UTP$$

$$ATP + CDP \longrightarrow ADP + CTP$$

$$ATP + GDP \longrightarrow ADP + GTP$$

3. 能量的储存

ATP 供应充足时，在肌肉、脑组织中受肌酸激酶（CK）催化，ATP 可将高能磷酸键转移给肌酸（C），生成磷酸肌酸（C~P）。磷酸肌酸是体内另一种重要的高能化合物，其分子中所含的高能键不能直接利用，当体内 ATP 消耗时（如肌肉运动、精神紧张、兴奋等），磷酸肌酸可在肌酸激酶（CK）催化下，迅速将 ~P 转移给 ADP 生成 ATP，再由 ATP 直接提供能量。在临床上，给心肌梗死的患者补充 ATP，对保护心肌具有一定意义。同时，CK 同工酶常用于心肌梗死、肌肉疾病和神经系统疾病的诊断。

ATP 的生成、储存及利用过程如下（图 4－9）：

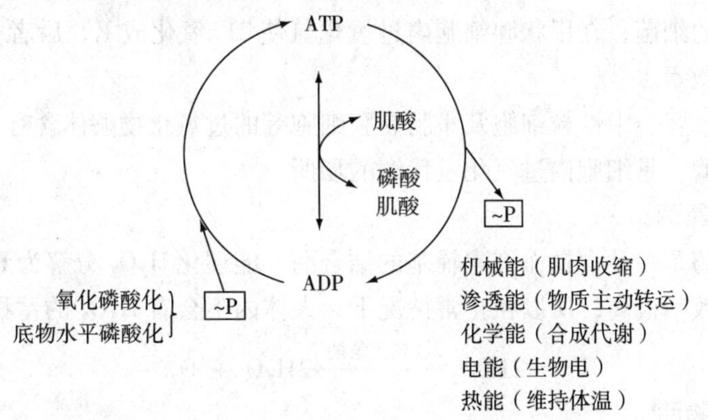

图 4－9　体内能量的释放、储存、转移和利用

第四节　非线粒体氧化体系

生物氧化过程主要在细胞的线粒体内进行，但线粒体外也有其他的氧化体系，其中以微粒体和过氧化物酶体最为重要。其特点是水的生成不经过呼吸链电子传递，氧化过程中也不伴有 ADP 的磷酸化，因此不是产生 ATP 的方式。这些氧化体系与体内许多重要生理活性物质的合成以及某些药物和毒物的生物转化有关。

一、微粒体氧化体系

微粒体是细胞分裂过程中产生的一些小碎片，主要为内质网，其催化加氧反应的酶称为加氧酶，其中最为重要的是单加氧酶。

单加氧酶是一种复合酶，能催化氧分子中的一个氧原子加到底物分子上生成羟基，另一个氧原子被还原生成水，因此又称为羟化酶。单加氧酶催化的反应进行时需要还原型 NADPH 参加，其反应通式如下：

$$RH + NADPH + H^+ + O_2 \xrightarrow{\text{单加氧酶}} ROH + NADP^+ + H_2O$$

单加氧酶主要存在于肝、肾、肠、肺等组织细胞的微粒体中，以肝中作用最强。单加氧酶通过羟化反应不仅使体内多种药物或毒物发生生物转化，水溶性（极性）增强，有利于其运输和排出体外，而且参与苯丙氨酸、类固醇激素、胆汁酸、维生素 D_3 活性形式等代谢过程的羟化反应，具有重要生理意义。

二、过氧化物酶体氧化体系

过氧化氢有极强的氧化性，可以氧化蛋白质和脂肪酸，使细胞膜的结构受损。也可以氧化巯基，使以巯基为必需基团的蛋白质或酶丧失活性。因此，过氧化氢对机体有一定的危害。但过氧化氢在一定条件下也具有生理作用，如在中性粒细胞中产生的过氧化氢可消灭吞噬的细菌；在甲状腺细胞内过氧化氢使 $2I^-$ 氧化成 I_2，后者能使酪氨酸碘化以合成甲状腺激素。

人体的肝、肾、中性粒细胞及小肠黏膜细胞等的过氧化物酶体含有丰富的过氧化氢酶和过氧化物酶，是细胞内过氧化氢代谢的场所。

1. 过氧化氢酶

过氧化氢酶是一种含铁血红素辅基的结合酶，能催化 H_2O_2 分解为 H_2O 和 O_2，过氧化氢酶的催化效率极高，所以在正常情况下，人体内不会有 H_2O_2 的蓄积。

$$2H_2O_2 \xrightarrow{\text{过氧化氢酶}} 2H_2O + O_2$$

2. 过氧化物酶

过氧化物酶催化 H_2O_2 分解生成 H_2O 并放出氧原子直接氧化酚类、胺类、抗坏血酸等物质，从而既消除了过氧化氢，又可使体内对人体有害的酚类等化合物易于排出。

$$H_2O_2 + RH_2 \xrightarrow{\text{过氧化物酶}} 2H_2O + R$$

三、超氧化物歧化酶

超氧化物歧化酶（SOD）是体内普遍存在的金属酶，能催化超氧阴离子自由基（$O_2^{\bar{\cdot}}$）歧化生成 H_2O_2 与 O_2，H_2O_2 再经过氧化氢酶分解生成 H_2O 和 O_2。SOD 是人体防御内外环境中超氧离子损伤的重要酶，是机体抗自由基损伤的主要酶。反应过程如下：

$$2\,O_2^{\bar{\cdot}} + 2H \xrightarrow{\text{SOD}} H_2O_2 + O_2$$

同步训练

1. 营养物质在体内氧化分解生成______和______，并释放______的过程称为生物氧化。

2. 线粒体内存在______和______两条呼吸链，分别有______处和______处氧化磷酸化偶联部位。

3. 体内产生 ATP 有两种方式，其中主要方式是______。

4. 生物氧化中 CO_2 的生成是通过有机酸的______反应实现的。

5. 体内生理活动能量的直接提供者是______。

6. 线粒体外生物氧化体系有能量产生吗？

7. 从“影响氧化磷酸化的因素”角度，解释甲亢病人基础代谢率升高，出现食欲亢进、心悸、怕热、多汗的现象。

第五章 糖 代 谢

知识要点

掌握糖酵解和糖有氧氧化过程；熟悉糖原的合成与分解、糖异生的生理意义、血糖的来源与去路及调节；了解磷酸戊糖途径、糖异生途径、糖代谢紊乱。

糖是自然界最丰富的物质之一，广泛存在于生物体内。人体内的糖主要是葡萄糖和糖原。葡萄糖是生命活动中的主要能源物质，也是体内糖的吸收和运输形式；糖原是葡萄糖的多聚体，是人体内能量的重要储存形式。糖的主要生理功能是氧化供能。人体主要通过淀粉类食物摄取糖，食物中的糖类如淀粉、蔗糖、麦芽糖等，在消化酶的作用下被分解成葡萄糖，在小肠吸收后经肝门静脉入肝，再进入血液运至组织细胞内进行代谢。

糖也是组成人体组织结构的重要成分，如糖脂和糖蛋白是细胞膜的构成成分。糖在体内还参与构成某些生理活性物质，如激素、酶、免疫球蛋白和血浆蛋白等。

第一节　糖的分解代谢

糖的分解代谢主要有三条途径，即糖的无氧分解、糖的有氧氧化和磷酸戊糖途径。

一、糖的无氧分解

葡萄糖或糖原在无氧或缺氧条件下分解生成乳酸并产生少量 ATP 的过程，称为糖的无氧分解。此过程与酵母菌的生醇发酵过程相似，故又称为糖酵解。

糖酵解的总反应式如下：

$$\text{葡萄糖} + 2ADP + 2Pi \longrightarrow 2\,\text{乳酸} + 2ATP$$

（一）糖酵解反应过程

糖酵解的反应过程可分为两个阶段。

1. 葡萄糖或糖原分解生成丙酮酸

此阶段包括四步反应，因消耗 2 分子 ATP，故是耗能阶段。

（1）葡萄糖生成 6 - 磷酸葡萄糖：葡萄糖（G）在己糖激酶（肝外）或葡萄糖激酶

（肝内）的催化下，由 ATP 提供磷酸基和能量，生成 6－磷酸葡萄糖（G－6－P）。糖原则先在磷酸化酶催化下，生成 1－磷酸葡萄糖，然后在磷酸葡萄糖变位酶催化下转变为 6－磷酸葡萄糖。由糖原转变为 6－磷酸葡萄糖不消耗 ATP。

（2）*6－磷酸葡萄糖异构为 6－磷酸果糖*：在磷酸葡萄糖异构酶催化下，6－磷酸葡萄发生醛糖与酮糖之间的异构变化，转变为 6－磷酸果糖（F－6－P）。此反应是可逆反应。

（3）*6－磷酸果糖磷酸化为 1，6－二磷酸果糖*：由 ATP 参与，提供磷酸基和能量，由磷酸果糖激酶催化，6－磷酸果糖磷酸化为 1，6－二磷酸果糖（F－1，6－DP）。这是糖酵解途径的第二个磷酸化反应。

（4）*1，6－二磷酸果糖裂解为 2 分子磷酸丙糖*：在醛缩酶催化下，1 分子 1，6－二磷酸果糖裂解为 2 分子磷酸丙糖，即 1 分子 3－磷酸甘油醛和 1 分子磷酸二羟丙酮。两者互为同分异构体，在异构酶的催化下可以互相转化。由于 3－磷酸甘油醛能不断地进入下一阶段的氧化，所以磷酸二羟丙酮也可全部转变为 3－磷酸甘油醛而进一步代谢。因此，1 分子 1，6－二磷酸果糖相当于生成 2 分子的 3－磷酸甘油醛。

2. 丙酮酸还原生成乳酸

此阶段包括六步反应，因有 ATP 的生成，故是产能阶段。

（1）*3－磷酸甘油醛氧化生成 1，3－二磷酸甘油酸*：在 3－磷酸甘油醛脱氢酶的催化下，3－磷酸甘油醛以辅酶 I（NAD^+）为受氢体进行脱氢氧化，同时被磷酸化成含有高能磷酸键的 1，3－二磷酸甘油酸。这是糖酵解唯一的氧化脱氢步骤。

（2）*1，3－二磷酸甘油酸转变成 3－磷酸甘油酸*：由磷酸甘油酸激酶催化，1，3－二磷酸甘油酸进行底物水平磷酸化，将分子内部的高能磷酸基转移给 ADP，生成 3－磷酸甘油酸和 ATP。

（3）*3－磷酸甘油酸变成 2－磷酸甘油酸*：3－磷酸甘油酸在变位酶的催化下转变成 2－磷酸甘油酸。

（4）*2－磷酸甘油酸转变成磷酸烯醇式丙酮酸*：在烯醇化酶催化下，2－磷酸甘油酸脱水，使其分子内部能量重新分布，形成含有高能磷酸键的磷酸烯醇式丙酮酸。

（5）*丙酮酸的生成*：磷酸烯醇式丙酮酸在丙酮酸激酶的催化下，转变为丙酮酸，同时伴有 ATP 生成，这是糖酵解途径中第二个底物水平磷酸化反应。

（6）*丙酮酸还原成乳酸*：在乳酸脱氢酶（LDH）催化下，以 $NADH^+H^+$ 为供氢体，丙酮酸加氢还原成乳酸。乳酸是糖无氧分解的终产物。

第二阶段的六步反应有两次底物水平磷酸化，生成 4 分子 ATP，因此是产能阶段。反应全过程见图 5－1。

糖酵解的全部过程都是在细胞液中无氧参与的反应，终产物是乳酸，净剩 2 分子 ATP。

糖酵解过程中有三步反应是不可逆的，分别由己糖激酶（肝内为葡萄糖激酶）、磷酸果糖激酶、丙酮酸激酶三个关键酶催化。这三个不可逆反应是糖酵解途径的三个调节点，三个关键酶可调节糖酵解反应的速度和方向。

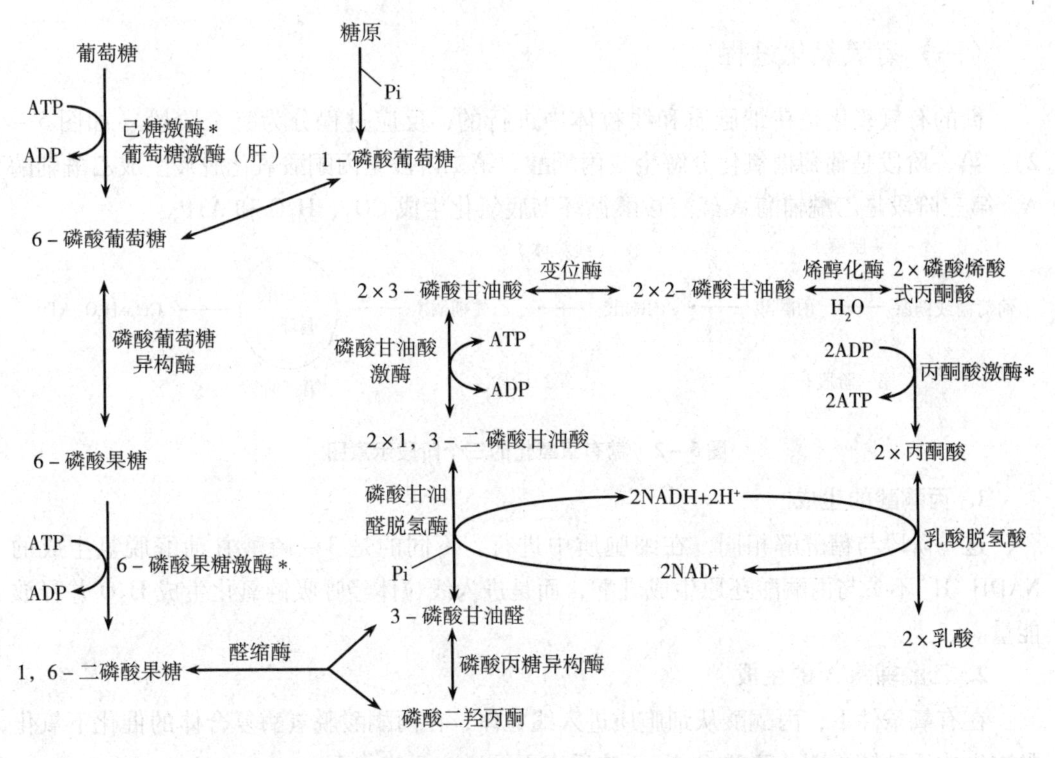

图5－1　糖酵解化反应过程（图中 * 表示关键酶）

（二）糖酵解生理意义

1. 机体缺氧时迅速获得能量的有效方式

如剧烈运动、高山作业或潜水时，肌肉局部血流不足，处于相对缺氧状态，有氧氧化供能出现短缺，肌内收缩所需能量主要通过糖酵解获得。另外，在某些病理情况下，如循环或呼吸功能障碍、失血过多、严重贫血等，机体因缺氧使糖酵解功能增强而获得能量。但由此可导致体内乳酸堆积，引起代谢性酸中毒。

2. 机体供氧充足时某些组织细胞能量的主要来源方式

一般情况下机体氧供充足，多数组织依赖糖的有氧氧化供能。但机体少数组织如视网膜、睾丸、神经组织、皮肤和肿瘤细胞等即使氧供充足，也仍然依赖糖酵解获得能量。特别是成熟的红细胞，由于细胞内没有线粒体，即使是在氧供应充足的情况下，所需能量几乎完全依靠糖酵解获得。

二、糖的有氧氧化

葡萄糖或糖原在有氧条件下彻底氧化生成 CO_2 和 H_2O 并释放能量的过程，称为糖的有氧氧化。有氧氧化是糖氧化供能的主要途径，是绝大多数细胞获得能量的主要方式。有氧氧化过程的总反应式如下：

葡萄糖 $+ 6O_2 + 38ADP + 38Pi \rightarrow 6CO_2 + 6H_2O + 38ATP$

（一）有氧氧化过程

糖的有氧氧化是在细胞质和线粒体中进行的，反应过程分为三个阶段（如图5-2）：第一阶段是葡萄糖氧化分解生成丙酮酸。第二阶段是丙酮酸氧化脱羧生成乙酰辅酶A。第三阶段是乙酰辅酶A经三羧酸循环彻底氧化生成CO_2、H_2O和ATP。

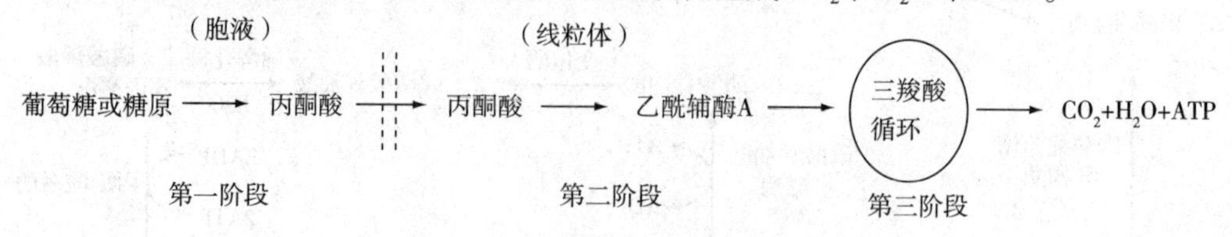

图5-2 糖有氧氧化的三个阶段示意图

1. 丙酮酸的生成

这一阶段与糖酵解相同，在细胞质中进行。不同的是3-磷酸甘油醛脱氢生成的$NADH^+H^+$不参与丙酮酸还原生成乳酸，而是进入线粒体经呼吸链氧化生成H_2O并释放能量。

2. 乙酰辅酶A的生成

在有氧条件下，丙酮酸从细胞质进入线粒体，在丙酮酸脱氢酶复合体的催化下氧化脱羧生成乙酰辅酶A（乙酰CoA），该反应不可逆。反应如下：

$$丙酮酸 + CoA + NAD^+ \xrightarrow{丙酮酸脱氢酶复合体} 乙酰CoA + CO_2 + NADH^+H^+$$

丙酮酸脱氢酶复合体是由三种酶（丙酮酸脱氢酶、二氢硫辛酸乙酰转移酶、二氢硫辛酸脱氢酶）和六种辅助因子（TPP、硫辛酸、CoA、FAD、NAD和Mg^{2+}）组成。此酶是糖有氧氧化的关键酶之一，催化效率高，可使丙酮酸迅速脱羧脱氢生成乙酰辅酶A和$NADH^+H^+$。由于丙酮酸脱氢酶复合体的辅助因子需要多种维生素参与构成，因此当机体有关的维生素缺乏时，可引起糖代谢障碍而导致某些疾病，如维生素B_1缺乏时，体内TPP不足，丙酮酸氧化脱羧受阻，造成丙酮酸等物质在神经末梢堆积，引起周围神经炎。

3. 三羧酸循环

（1）*三羧酸循环过程*：三羧酸循环是指乙酰辅酶A和草酰乙酸缩合生成含有三个羧基的柠檬酸，再经过一系列脱氢、脱羧反应，再次生成草酰乙酸的循环过程（又称柠檬酸循环）。这是糖有氧氧化的重要阶段。具体反应过程见图5-3。

（2）*三羧酸循环的特点*：①三羧酸循环是单向循环反应。在三羧酸循环中有三个关键酶，即柠檬酸合成酶、异柠檬酸脱氢酶、α-酮戊二酸脱氢酶系。它们均催化不可逆反应，所以循环是单向进行。②三羧酸循环是乙酰辅酶A彻底氧化的过程。循环中有2次脱羧反应，使乙酰辅酶A分子中的两个碳原子转变为CO_2释放；4次脱氢反应，其中3次脱氢进入NADH呼吸链，每次进入NADH呼吸链可产生3分子ATP，1次脱氢进入FAD呼吸链，产生2分子ATP；1次底物水平磷酸化反应，生成1分子ATP。每次三羧酸循环消耗一分子乙酰辅酶A共生成12分子ATP。③草酰乙酸的补充。三羧酸循环与其他代谢途径联系密切，要保证其顺利进行，补充草酰乙酸尤为重要。体内可由丙酮酸羧化来补充草酰乙酸。

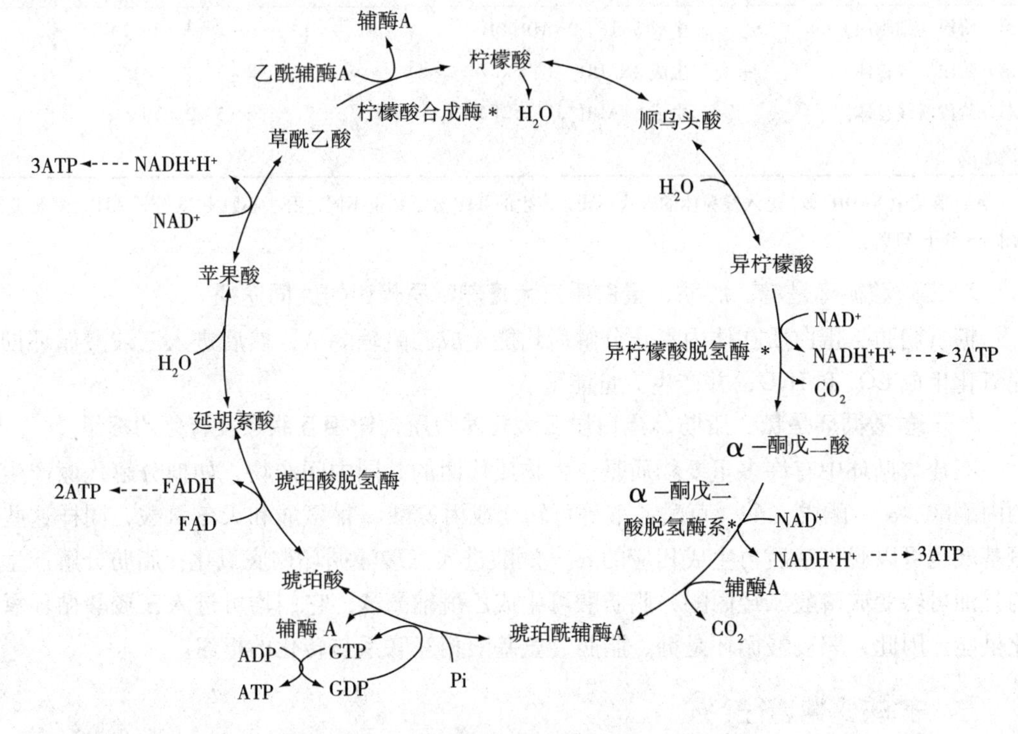

图5－3 三羧酸循环（图中＊表示关键酶）

知识链接

三羧酸循环的发现

克雷布斯博士是位优秀的医生，他受到纳粹的迫害后而从事基础医学的研究。他对“食物在体内究竟是如何变成水和二氧化碳”的现象充满了兴趣，就毫不犹豫地选择了关于食物代谢的课题。他将前人的零散数据仔细整理了一番，结果发现了营养物质在体内的变化规律及问题。经过仔细研究，4年后，他完成了食物代谢的循环链，将它命名为柠檬酸循环（也叫三羧酸循环）。他的伟大不仅仅是发现了几个化学物质的变化，而是在于找出了可以解释动态生命现象的结构。这一发现使他在1953年获诺贝尔医学奖。

（二）糖有氧氧化与三羧酸循环的生理意义

1. 糖的有氧氧化是体内供能的主要途径

1分子葡萄糖经有氧氧化可净得38分子ATP，是糖酵解的19倍（表5－1）。

表 5-1　葡萄糖有氧氧化生成的 ATP 数

反应阶段	生成能量及辅酶	ATP 生成数
第一阶段（细胞质）	生成 2ATP、$2NADH^+H^+$	2+2×3（2+2×2）*
第二阶段（线粒体）	生成 $2NADH^+H^+$	2×3
第三阶段（线粒体）	生成 $6NADH^+H^+$、$2FADH_2$、2GTP	6×3+2×2+2
净生成		38

*：胞质中 $NADH^+H^+$ 进入线粒体的方式不同，产生的 ATP 分子数也不同，肝、心肌中 38 分子 ATP，骨骼肌、脑中 36 分子 ATP。

2. 三羧酸循环是糖、脂肪、蛋白质三大营养物质代谢的共同途径

糖、脂肪、蛋白质在体内氧化分解后均能生成乙酰辅酶 A，然后进入三羧酸循环彻底氧化生成 CO_2 和 H_2O，并产生大量能量。

3. 三羧酸循环是糖、脂肪、蛋白质三大营养物质代谢相互联系及转化的枢纽

三羧酸循环中有许多重要物质是三大物质代谢的共同中间产物，如糖分解代谢产生的丙酮酸、α-酮戊二酸、草酰乙酸等可转变成丙氨酸、谷氨酸和天冬氨酸，同样这些氨基酸也可以脱氨基后再生成相应的 α-酮酸进入三羧酸循环彻底氧化；脂肪分解产生的甘油可转变成磷酸二羟丙酮，脂肪酸可生成乙酰辅酶 A，它们均可进入三羧酸循环氧化供能。因此，三羧酸循环是糖、脂肪、氨基酸相互联系与转化的枢纽。

三、磷酸戊糖途径

磷酸戊糖途径是糖酵解途径的一条旁路，又称磷酸戊糖旁路。该途径在肝、脂肪组织、性腺、红细胞、骨髓、肾上腺皮质等组织的细胞质中进行。其主要特点是生成 NADPH 和 5-磷酸核糖等重要的中间产物。

磷酸戊糖途径的总反应式如下：

6-磷酸葡萄糖 + $NADP^+$ ⟶ 5-磷酸核糖 + $NADPH^+H^+$ + CO_2

（一）磷酸戊糖途径的主要反应过程

磷酸戊糖途径可分两个阶段。

第一阶段，6-磷酸葡萄糖在 6-磷酸葡萄糖脱氢酶与 6-磷酸葡萄糖酸脱氢酶（辅酶均为 $NADP^+$）催化下，两次脱氢生成 2 分子 NADPH，一次脱羧生成 CO_2，生成 5-磷酸核糖。

第二阶段，磷酸戊糖分子在转酮酶和转醛酶的催化下，通过一系列基团转移反应，转变成 6-磷酸果糖和 3-磷酸甘油醛而进入糖酵解途径（图 5-4）。

（二）磷酸戊糖途径的生理意义

1. 为核酸合成提供核糖

磷酸戊糖途径是机体利用葡萄糖生成5－磷酸核糖的唯一途径，可为体内核苷酸、核酸的合成提供原料。

2. 提供 NADPH 作为供氢体参与体内多种代谢反应

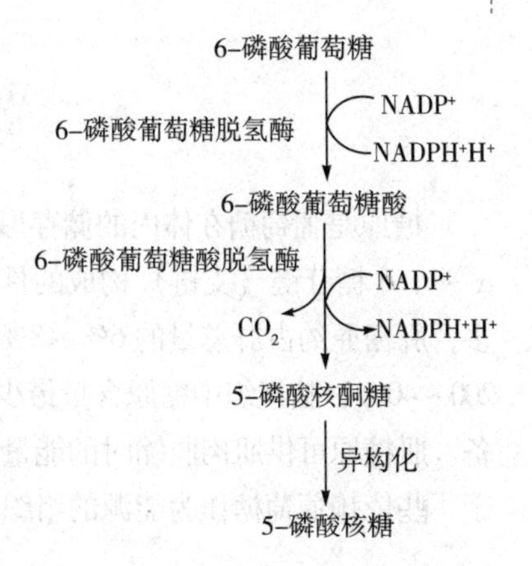

图5－4　磷酸戊糖途径示意图

磷酸戊糖途径产生的 NADPH 不进入呼吸链传递，而是作为供氢体参与体内的生化过程。其主要功能：①为脂肪酸、胆固醇和类固醇激素等的生物合成提供氢。在脂肪和胆固醇合成旺盛的组织中，磷酸戊糖途径较为活跃。②参与肝脏的生物转化作用：如激素的灭活，药物、毒物等非营养物质的生物转化过程均需 NADPH。③NADPH 是谷胱甘肽还原酶的辅酶。谷胱甘肽还原酶催化氧化型谷胱甘肽（GSSG）转变成还原型谷胱甘肽（GSH），还原反应由 NADPH 供氢（图5－5）。GSH 可保护巯基酶和巯基蛋白质免受氧化剂的破坏。红细胞中的 GSH 可以保护红细胞膜的完整性。缺乏6－磷酸葡萄糖脱氢酶的人，因 $NADPH^+H^+$ 缺乏，GSH 含量过低，红细胞易于破坏而发生溶血性贫血（如蚕豆病）。

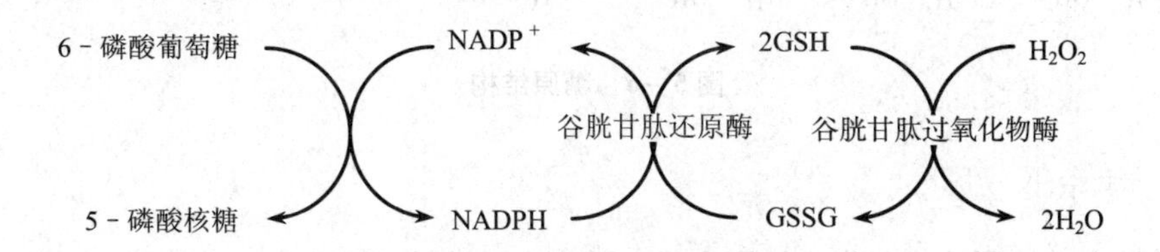

图5－5　谷胱甘肽还原酶的作用

知识链接

蚕　豆　病

蚕豆病是遗传性葡萄糖－6－磷酸脱氢酶（G6PD）缺乏症，全世界约2亿人罹患此病，我国是本病的高发区之一，20世纪60年代广东兴宁地区在蚕豆收获季节曾爆发G6PD缺乏症的流行，导致许多患者死亡。已知该病患者因G6PD的缺陷不能提供足够的 NDPH 以维持还原型谷胱甘肽（GSH）的还原性，在进食蚕豆时，蚕豆的强氧化作用诱发了红细胞膜被氧化，产生溶血反应，如不及时处理，可引起肝、肾或心功能衰竭甚至死亡。

第二节　糖原的合成与分解

糖原是葡萄糖在体内的储存形式，它是由许多葡萄糖通过α－1，4糖苷键（主链）及α－1，6糖苷键（支链）构成的具有分支的大分子多糖（图5－6）。体内以肝和肌肉含量最多，肝糖原约占肝总量的6%～8%，约为70～100g，肌糖原约占肌肉总量的1%～2%，约为200～400g，脑组织中糖原含量最少。糖原是在进食间歇期或饥饿期可以迅速动用的葡萄糖储备。肌糖原可供肌肉收缩时的能量急需，肝糖原则在维持血糖浓度恒定方面起重要作用。对于一些依赖葡萄糖作为能源的组织，如脑、红细胞有着重要的意义。

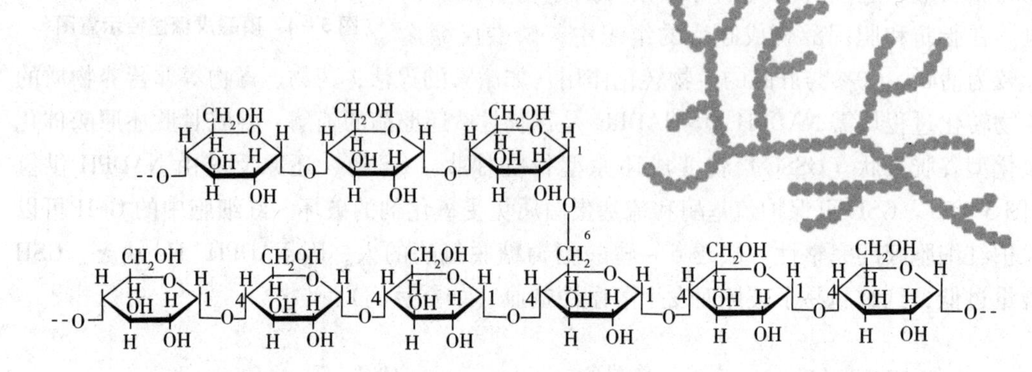

图5－6　糖原结构

一、糖原的合成

由单糖合成糖原的过程称为糖原合成。糖原合成的过程可分为二个阶段：

第一阶段：碳链的延长。

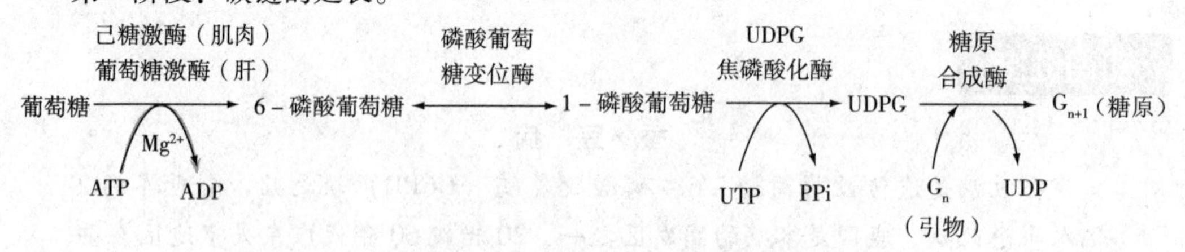

图5－7　糖原的合成过程示意图

UDPG（二磷酸尿苷葡萄糖）可看作是“活性葡萄糖”，在体内充当葡萄糖的供体。在糖原引物存在下，糖原合成酶催化UDPG分子中的葡萄糖基转移至引物的糖链末端，以α－1，4糖苷键相连。如此反复进行，糖链不断延长。

第二阶段：碳链的分支形成。

当糖链长度达到12～18个葡萄糖基时，分支酶将一段约6～7个葡萄糖基转移到邻近的糖链上，以α－1，6－糖苷键相连，从而形成分支。

由葡萄糖合成糖原的过程是个耗能过程，每增加1分子葡萄糖消耗2分子ATP。糖原合成酶是糖原合成的关键酶。

二、糖原的分解

由糖原分解为葡萄糖的过程称为糖原的分解。尽管体内多数组织中都有一定量的糖原储存，但只有肝糖原才能直接分解为葡萄糖，而肌糖原不能直接分解为葡萄糖。

糖原在磷酸化酶的催化下，释放出1－磷酸葡萄糖，1－磷酸葡萄糖在变位酶的作用下，转变为6－磷酸葡萄糖。6－磷酸葡萄糖由葡萄糖－6－磷酸酶水解生成葡萄糖释放入血。葡萄糖－6－磷酸酶只存在于肝、肾中，肌肉中不存在，因此，只有肝糖原可补充血糖，而肌糖原不能直接分解为游离的葡萄糖，只能进行糖酵解生成乳酸或有氧氧化彻底分解。

第三节　糖异生

当机体长期饥饿没有进食食物的时候，血糖浓度仍可维持在恒定的范围内，这时机体通过其他物质转变成葡萄糖，不断地补充血糖。这种由非糖物质转变为葡萄糖或糖原的过程称为糖异生。糖异生的原料大多数是体内物质代谢的中间产物，如乳酸、丙酮酸、甘油和生糖氨基酸等。糖异生主要在肝脏中进行，严重饥饿时，肾脏也可以进行糖异生。

一、糖异生的途径

以乳酸生糖为例，糖异生途径基本上是糖酵解的逆过程，从葡萄糖酵解为乳酸的多步反应中，大多数反应是可逆的，但由己糖激酶、磷酸果糖激酶和丙酮酸激酶所催化的反应在生理条件下是不可逆的，称为“能障”。因此，要绕过这三个能障，实现这三种酶催化反应的逆过程，需要另外的酶来催化，才能使反应朝相反方向进行。

1. 丙酮酸羧化支路

丙酮酸不能直接逆转为磷酸烯醇式丙酮酸，在丙酮酸羧化酶的催化下，丙酮酸羧化为草酰乙酸，在磷酸烯醇式丙酮酸羧激酶的作用下，由GTP提供能量，草酰乙酸转变为磷酸烯醇式丙酮酸。此过程称为丙酮酸羧化支路，是消耗能量的反应。

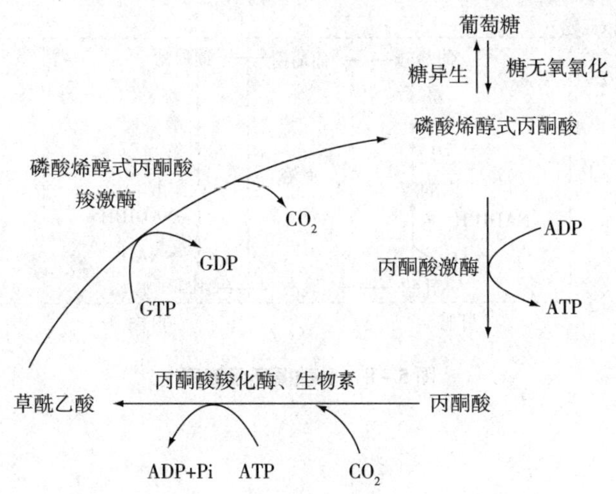

2. 1,6 －二磷酸果糖转变为6 －磷酸果糖

在果糖二磷酸酶的催化下，1，6 －二磷酸果糖水解生成6 －磷酸果糖。

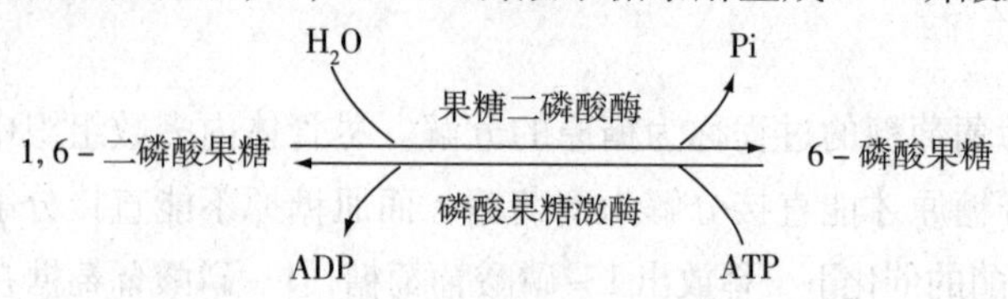

3. 6 －磷酸葡萄糖水解生成葡萄糖

由葡萄糖－6－磷酸酶催化6 －磷酸葡萄糖水解为葡萄糖。

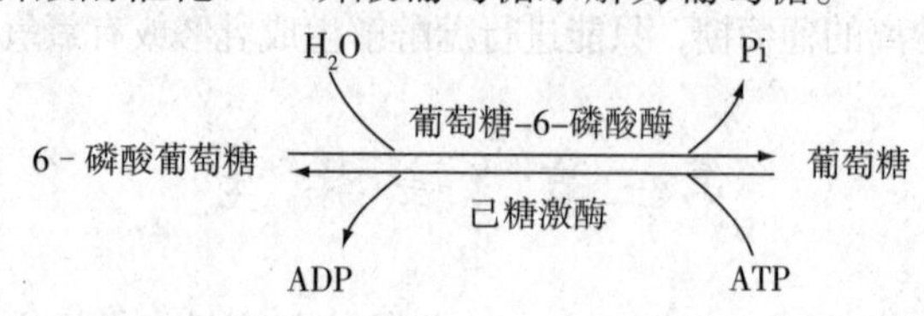

二、糖异生的生理意义

1. 维持空腹或饥饿状态下血糖浓度的相对恒定

空腹或饥饿时，机体依赖肝糖原分解的葡萄糖维持血糖浓度，但因糖原的储备有限，肝糖原分解产生的葡萄糖只能维持12 小时。体内某些组织，如脑、成熟的红细胞等必须依靠血糖作为能源。当肝糖原耗尽时，机体则主要依赖蛋白质分解的氨基酸、脂肪分解的甘油等非糖物质异生为葡萄糖，以维持血糖水平的相对恒定，保证大脑组织等重要器官的能量供应。

2. 有利于乳酸的利用

当肌肉在缺氧或剧烈运动时，肌糖原经糖酵解产生大量的乳酸，乳酸经血液运至肝，经糖异生作用转变为葡萄糖，葡萄糖入血后又可被肌肉摄取，由此构成一个循环，称为乳酸循环（图5 －8）。以乳酸为原料的糖异生作用有利于乳酸的再利用，同时防止乳酸堆积而引起酸中毒。

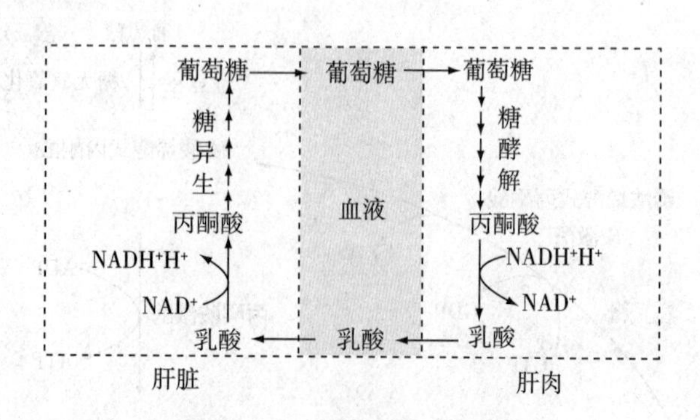

图5 －8　乳酸循环示意图

第四节 血 糖

血液中的葡萄糖称为血糖，它是糖在血液中的运输形式，是供给全身各组织能量的重要物质。血糖的浓度随进食量、活动等因素的变化而有所波动。正常人空腹血糖浓度为3.9~6.1mmol/L。在体内多种因素的协同调节下，血糖的来源和去路处于动态平衡状态，维持血糖浓度的相对稳定，这对保证组织器官，特别是脑组织的正常生理活动具有重要意义。

一、血糖的来源与去路

血糖的来源主要有食物中的糖、肝糖原分解和糖异生作用。血糖的去路主要有氧化供能、合成糖原及转变成其他物质。当血糖浓度大于8.8mmol/L（肾糖阈）时，超过肾小球对糖的重吸收能力，糖可随尿排出，形成糖尿，此为非正常去路。

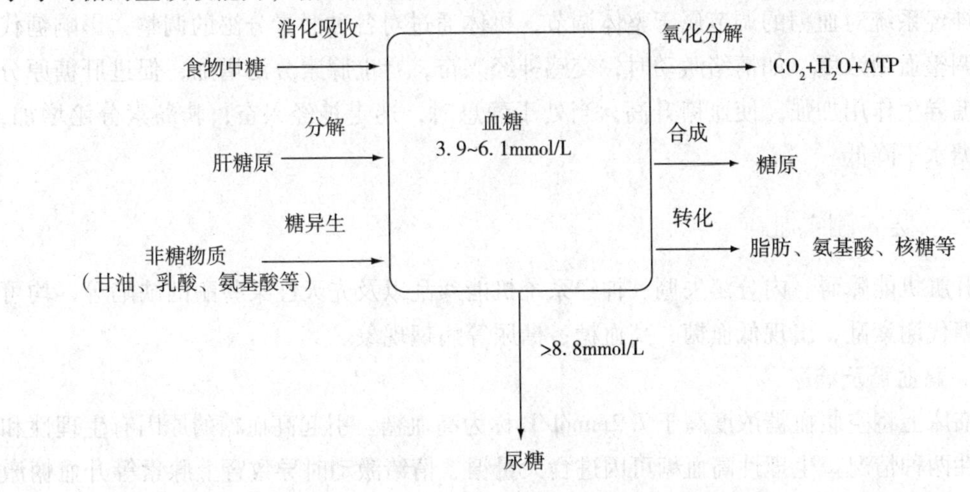

图5-9 血糖的来源与去路示意图

二、血糖浓度的调节

正常情况下，血糖浓度的相对恒定依赖于血糖的来源和去路的动态平衡，这种平衡需要体内多种因素的协同调节，其主要调节因素有组织器官、激素和神经系统。

1. 组织器官的调节

肝脏是调节血糖浓度的重要器官。肝脏可以通过肝糖原的分解、糖异生作用来升高血糖，也可以通过肝糖原的合成来降低血糖。

2. 激素的调节

调节血糖的激素有两大类：一类是降低血糖的激素，体内唯一降低血糖的激素是胰岛素；另一类是升高血糖的激素，有胰高血糖素、肾上腺素、糖皮质激素和生长素等。这两类激素的作用相互对立，相互制约，以维持血糖浓度的相对恒定。

表5－2 激素对血糖浓度的影响

降低血糖的激素		升高血糖的激素	
胰岛素	1. 促进血中葡萄糖转运至细胞内	胰高血糖素	1. 促进肝糖原分解
	2. 促进糖的有氧氧化		2. 促进糖异生
	3. 促进糖原的合成，抑制糖原分解		3. 促进脂肪的动员
	4. 抑制糖异生作用	肾上腺素	1. 促进糖原分解
	5. 抑制脂肪的动员		2. 促进糖异生
		糖皮质激素	1. 促进糖异生
			2. 抑制组织细胞摄取葡萄糖
		生长激素	1. 促进糖异生和脂肪分解
			2. 抑制肝外组织摄取利用葡萄糖

3. 神经系统的调节

神经系统对血糖的调节属于整体调节，机体通过对各种激素分泌的调整，影响糖代谢而调整血糖浓度。如情绪激动时，交感神经兴奋，肾上腺素分泌增加，促进肝糖原分解，糖异生作用加强，使血糖升高；当处于静息时，迷走神经兴奋，胰岛素分泌增加，使血糖水平降低。

三、糖代谢紊乱

肝脏机能障碍、内分泌失调、神经系统机能紊乱以及先天性某些酶的缺陷等，均可引起糖代谢紊乱，出现低血糖、高血糖、糖尿等病理现象。

1. 高血糖及糖尿

临床上将空腹血糖浓度高于7.2mmol/L称为高血糖。引起高血糖的原因有生理性和病理性两种情况。生理性高血糖可因进食大量糖、情绪激动时导致肾上腺素等升血糖激素分泌增加而引起，但这些只是暂时的，且空腹时血糖正常。病理性高血糖主要是因糖尿病引起。

当血糖浓度大于肾糖阈（8.8mmol/L），超过肾小管对糖的重吸收能力时，一部分葡萄糖从尿中排出，称之为糖尿。糖尿病是由于胰岛素分泌不足或胰岛素受体数目减少、胰岛素受体与胰岛素亲和力降低所致的一组糖、脂肪和蛋白质代谢紊乱综合征，其中以高血糖及糖尿为特征，临床上主要表现为“三多一少”，即多饮、多食、多尿、体重减轻。

2. 低血糖

空腹血糖浓度低于3.3mmol/L称为低血糖。低血糖影响脑组织的功能，因为脑细胞所需要的能量主要来自于葡萄糖的氧化。当血糖水平过低时，会出现头晕、心悸、倦怠无力等，严重时（血糖浓度低于2.5mmol/L）出现昏迷，称为低血糖休克。如不及时给病人静脉补充葡萄糖，可导致死亡。

生理性低血糖可由于长期饥饿或不能进食、持续剧烈运动及使用胰岛素过量等引起。

病理性低血糖多发生于胰岛素分泌过多、拮抗胰岛素的激素分泌过少、严重肝病、肿瘤等。

知识链接

糖尿病诊断标准

1999 年 10 月，我国糖尿病协会开始采用新的糖尿病诊断标准，即：①有糖尿病症状（如多尿、多食、不明原因的消瘦）加上随机血糖≥11.1mmol/L（200mg/dl）。随机血糖指一天中任何时候的血糖浓度。②空腹血糖≥7.0mmol/L（126mg/dl）。空腹血糖指禁食至少 8 小时后的血糖。③口服葡萄糖耐量试验中两小时血糖≥11.1mmol/L（200mg/dl）。凡符合上述三种诊断标准之一者，均可诊断为糖尿病。

同步训练

1. 糖的分解代谢主要包括______、______、______三条途径。
2. 糖酵解是葡萄糖或糖原在______条件下进行的分解反应，其终产物是______。
3. 糖酵解过程中的三个关键酶分别是______、______和______。
4. 三羧酸循环是______、______、______三大营养物质代谢的共同途径。
5. 糖异生是体内______物质转变为______的过程。
6. 肝糖原能直接分解为葡萄糖，是因为肝中含有______酶。
7. 正常人清晨空腹的血糖浓度为______。空腹血糖浓度高于______为高血糖。
8. 血糖浓度的相对恒定依赖于血糖______的动态平衡。
9. 体内唯一降低血糖的激素是______。
10. 剧烈运动过后为什么会出现肌肉酸痛的感觉？
11. 简述糖异生的生理意义。

第六章 脂类代谢

知识要点

掌握甘油三酯的代谢、血浆脂蛋白的组成；熟悉血脂的分类和功能；了解类脂的代谢及高脂血症。

脂类是一类难溶于水，易溶于有机溶剂的有机化合物，包括脂肪及类脂两大类。脂肪也称甘油三酯；类脂包括磷脂、糖脂、胆固醇和胆固醇酯等。

第一节 脂类的分布与功能

一、脂类的分布及含量

1. 脂肪的分布及含量

体内的脂肪绝大部分储存在脂肪组织中，即皮下、大网膜、肠系膜及肾周围等处，这些部位常称为脂库。一般成年男性脂肪含量约占体重的10% ~20%，女性稍高。体内脂肪的含量易受营养状况及机体活动等多种因素影响而有较大变化，故又称为可变脂。

知识链接

肥 胖 症

体内脂肪超过标准体重〔身高（cm）－105〕(kg）的20%或BMI〔人体体重指数，BMI = 体重（kg）÷身高（m）^{2}〕大于25者称为肥胖症。肥胖症主要是因糖和脂肪摄入过多，超过机体生命活动的需要，变为体脂贮存在脂肪组织，导致体重增加。肥胖可诱发动脉粥样硬化、高血压、糖尿病等疾病。均衡膳食、坚持运动对于预防肥胖症尤为重要。

2. 类脂的分布及含量

类脂分布于各组织中，是构成生物膜和神经髓鞘的基本成分。体内类脂总量约占体重的5%，以神经组织中含量最多。类脂含量不受营养状况及机体活动的影响而变动，故称为固定脂或恒定脂。

二、脂类的生理功能

（一）脂肪的生理功能

1. 储能供能

脂肪的主要生理功能是储能供能。脂肪是人体储能的主要形式，体内可储存大量脂肪，并及时动员释放到各组织中被利用。正常人体生理活动所需能量的15%～20%由脂肪提供。1g脂肪完全氧化可释放9.3kcal能量，比同重量糖和蛋白质高1倍多，是空腹或禁食时体内能量的主要来源。一个人在空腹时，机体所需能量的50%以上由脂肪氧化供给；如禁食1～3天，则所需能量的80%来自脂肪。因此，脂肪的储存对人体的供能（特别在不能进食时）具有重要意义。

2. 维持体温、保护内脏

我们知道冬季胖者较瘦者不怕冷，是因为人体皮下脂肪能防止体温散失，保持体温恒定。脂肪组织较为柔软，能缓冲外来的机械撞击，使我们内脏器官免受损伤。

3. 协助维生素的吸收

肠道内脂肪可协助脂溶性维生素的吸收，使溶解于食物脂肪中的维生素随着脂类物质的吸收而吸收。胆道梗阻的病人不仅脂类消化吸收障碍，还常伴有脂溶性维生素的吸收减少。

4. 提供必需脂肪酸

通常把机体生理需要而自身不能合成、必须由食物提供的脂肪酸称为必需脂肪酸。必需脂肪酸多为不饱和脂肪酸，包括亚油酸、亚麻酸、花生四烯酸等。必需脂肪酸主要来源于植物油类，具有维持上皮组织营养、降血脂、抗动脉粥样硬化等功能。

（二）类脂的生理功能

1. 构成生物膜

类脂中的磷脂和胆固醇是构成生物膜的重要组成成分，在维持生物膜的正常结构和功能中起重要作用。类脂在膜的流动性和稳定性中起重要作用。

2. 转变成多种重要物质、提供必需脂肪酸及参与组成脂蛋白

类脂中的胆固醇可转变为胆汁酸、维生素D_3、类固醇激素等重要生理功能物质。类脂中的磷脂分子含有必需脂肪酸，是人体必需脂肪酸的重要来源。类脂还可参与组成脂蛋白，协助脂类在血中运输。

第二节　甘油三酯的代谢

一、甘油三酯的分解代谢

（一）脂肪动员

脂肪组织储存的甘油三酯，在脂肪酶的催化下逐步水解为脂肪酸和甘油，并释放入血被其他组织利用，此过程称为脂肪动员。脂肪动员 1 分子甘油三酯可产生 1 分子甘油和 3 分子脂肪酸。

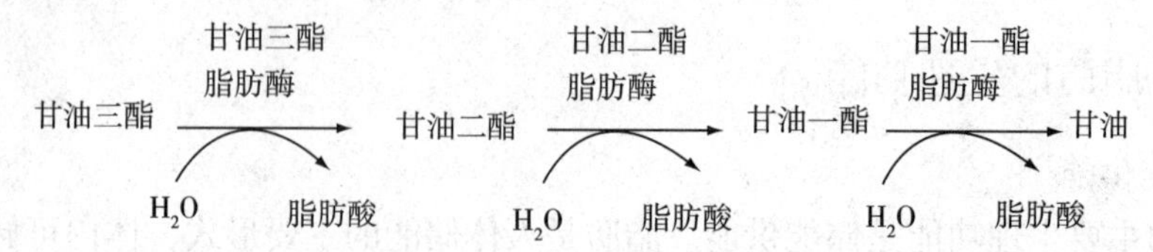

催化脂肪水解的甘油三酯脂肪酶活性最低，此酶活性受多种激素的调节，故称为激素敏感性脂肪酶。肾上腺素、去甲肾上腺素、胰高血糖素、肾上腺皮质激素等能使甘油三酯脂肪酶活性增强，促进脂肪水解，称为脂解激素；胰岛素则使该酶活性降低，抑制脂肪水解，称之为抗脂解激素。正常人体这两类激素的协同作用使体内脂肪的水解速度能适应机体的需要。

人体处于紧张、兴奋、饥饿时，肾上腺素、去甲肾上腺素、胰高血糖素分泌增加，甘油三酯脂肪酶的活性增强，脂肪动员加强，脂肪组织储存的脂肪含量就会减少。

（二）甘油的代谢

脂肪动员产生的甘油溶于水，直接由血液运输到组织细胞，经酶催化生成 α－磷酸甘油，再脱氢生成磷酸二羟丙酮进入糖代谢途径，最终氧化分解生成 CO_2 和 H_2O 并释放能量。

甘油生成磷酸二羟丙酮后，也可以在肝脏中经糖异生作用转变为葡萄糖或糖原。

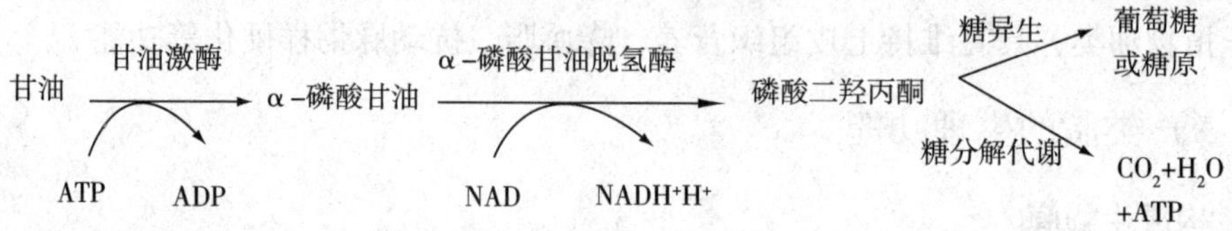

甘油（甘油激酶；ATP → ADP）→ α－磷酸甘油（α－磷酸甘油脱氢酶；NAD → NADH+H⁺）→ 磷酸二羟丙酮

磷酸二羟丙酮 —糖异生→ 葡萄糖或糖原

磷酸二羟丙酮 —糖分解代谢→ CO_2+H_2O+ATP

（三）脂肪酸的氧化

脂肪酸是人体重要的能源物质，除脑组织和成熟红细胞之外，机体大多数组织都能够利用脂肪酸来氧化供能，以肝和肌肉组织最为活跃。在氧供应充足的情况下，脂肪酸的长链逐渐降解为含 2 个碳原子的乙酰辅酶 A，然后彻底氧化为 CO_2 和 H_2O 并释放大量能量。

脂肪酸氧化的主要部位在线粒体，分为以下四个阶段。

1. 脂肪酸的活化

脂肪酸生成脂酰辅酶 A（脂酰 CoA）的过程称为脂肪酸的活化。反应在细胞液中进行，由 ATP 供能。

$$R-COOH + HS\sim CoA + ATP \xrightarrow[Mg^{2+}]{\text{脂酰辅酶 A 合成酶}} R-CO\sim SCoA + H_2O + AMP + PPi$$

反应中生成的焦磷酸（PPi）很快被水解，阻止了逆向反应的进行。因此一分子脂肪酸活化，实际消耗了两个高能磷酸键。

2. 脂酰 CoA 进入线粒体

脂肪酸氧化的酶系存在于线粒体基质内，而脂酰 CoA 不能直接进入线粒体，需要载体肉毒碱将脂酰基转入线粒体基质内，然后重新转变成脂酰 CoA，进行氧化分解（图 6－1）。

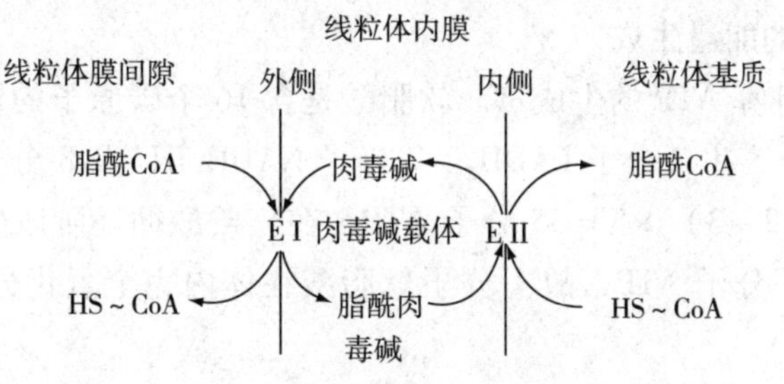

图 6－1　脂酰 CoA 进入线粒体基质示意图

3. 脂酰 CoA 的 β－氧化

脂酰 CoA 进入线粒体基质后，在脂酰基 β 碳原子上开始氧化，故称为 β－氧化。一次 β－氧化包括脱氢、加水、再脱氢和硫解四步反应，使得脂酰基的碳链断裂生成 1 分子乙酰 CoA 和 1 分子比原来少 2 个碳原子的脂酰 CoA，后者可再进行 β－氧化，如此反复进行，直至脂酰 CoA 完全氧化为乙酰 CoA（图 6－2）。

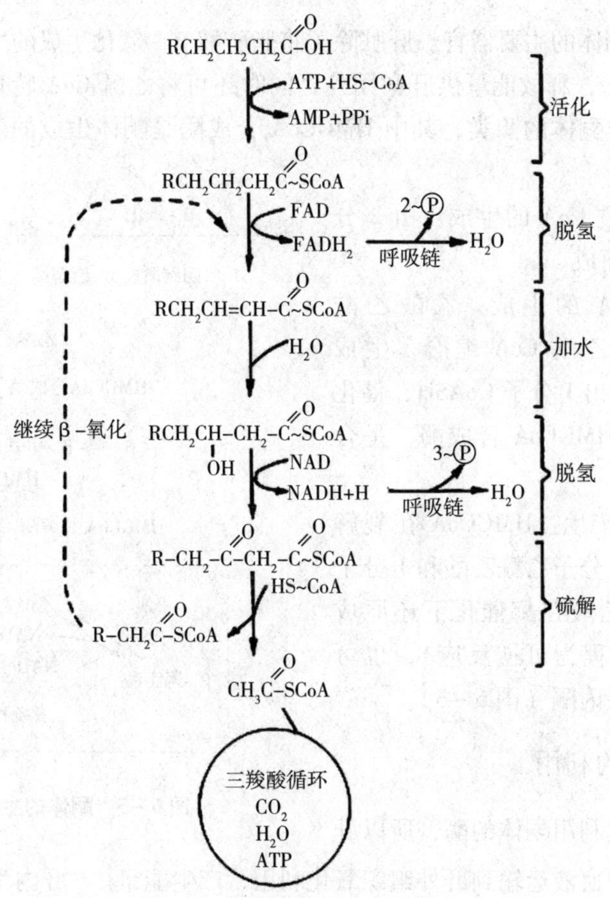

图 6－2　脂肪酸的 β－氧化过程

4. 乙酰 CoA 的彻底氧化

脂肪酸经 β－氧化生成大量的乙酰 CoA，一部分进入三羧酸循环彻底氧化成 H_2O 和 CO_2，并释放能量，另一部分在肝细胞线粒体中合成酮体。

5. 脂肪酸氧化的能量生成

以软脂酸为例计算 ATP 的生成量。软脂酸是含 16 个碳原子的饱和脂肪酸，活化后需经 7 次 β－氧化，产生 7 分子 $FADH_2$、7 分子 $NADH^+H^+$ 及 8 分子乙酰 CoA。因此在 β－氧化阶段生成 $(2+3)\times7=35$ 分子 ATP，在三羧酸循环阶段生成 $12\times8=96$ 分子 ATP，活化时消耗 2 分子 ATP，故 1 分子软脂酸在体内完全氧化分解净生成 $35+96-2=129$ 分子 ATP。

二、酮体的生成与利用

酮体是乙酰乙酸、β－羟丁酸和丙酮三种物质的总称。酮体是脂肪酸在肝中代谢的正常中间产物，是脂肪酸在肝细胞中进行 β－氧化生成的乙酰 CoA 在酶的催化下转变生成的。其中 β－羟丁酸含量最多，约占 70%，乙酰乙酸约占 30%，丙酮含量极微。

（一）酮体的生成

肝脏是生成酮体的主要器官。肝脏除了将脂肪酸 β－氧化生成的大量乙酰 CoA 彻底氧化成 CO_2 和 H_2O，释放能量供肝利用外，同时还可将乙酰 CoA 转化成酮体。肝细胞线粒体中含有合成酮体的酶类，其中 HMGCoA 合成酶是酮体生成的限速酶。酮体合成的基本过程如下：

（1）乙酰乙酰 CoA 的生成：由 2 分子乙酰 CoA 缩合而成。

（2）HMGCoA 的生成：乙酰乙酰 CoA 再与 1 分子乙酰 CoA 缩合，生成 HMGCoA，并释放出 1 分子 CoASH，催化这一反应的酶为 HMGCoA 合成酶，是合成酮体的限速酶。

（3）酮体的产生：HMGCoA 在裂解酶催化下，生成 1 分子乙酰乙酸和 1 分子乙酰 CoA；乙酰乙酸在酶催化下还原成 β－羟丁酸（此过程为可逆反应），也可自动脱羧生成少量丙酮（图 6－3）。

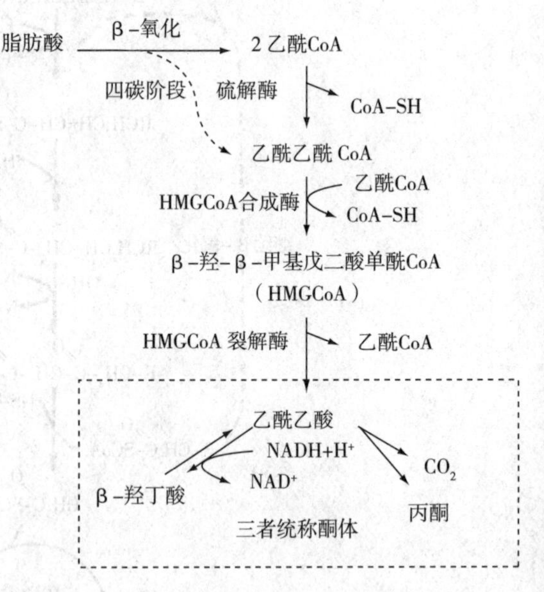

图 6－3 酮体的生成过程

（二）酮体的利用

肝内缺乏氧化利用酮体的酶，所以肝内生成的酮体需经血液运输到肝外组织氧化利用，产生能量。“肝内生酮肝外用”是酮体代谢的特点。

乙酰乙酸可转变为乙酰乙酰 CoA，继而硫解为 2 分子乙酰 CoA，进入三羧酸循环彻底氧化。β-羟丁酸脱氢转变成乙酰乙酸，再经上述途径氧化分解。丙酮易挥发，可经呼吸道呼出，或随尿排出。酮体的利用过程见图 6-4。

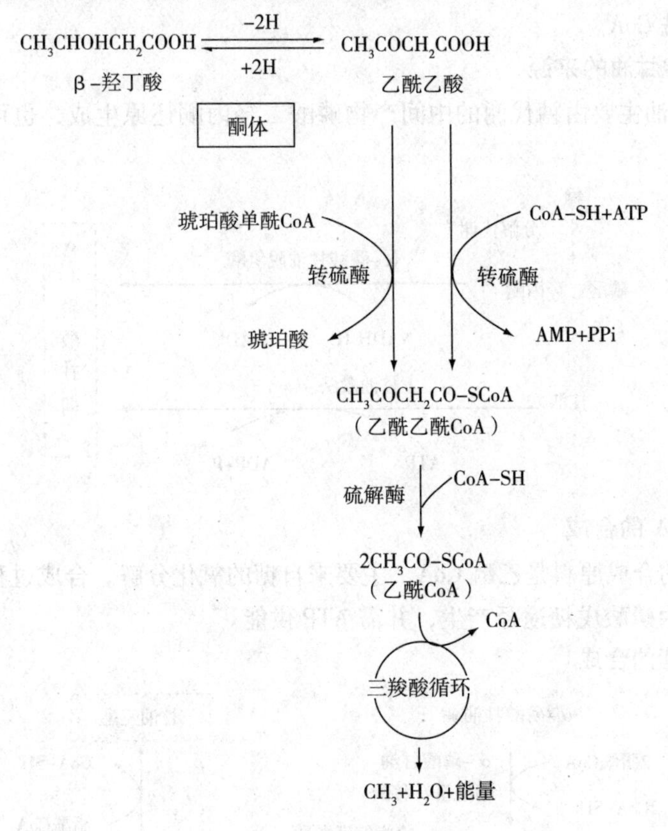

图 6-4 肝外酮体的利用

（三）酮体生成的生理意义

1. 容易在血液中运输

酮体是脂肪酸在肝代谢的正常中间产物，与脂肪酸相比，酮体分子小，易溶于水，有利于在血液中运输，因此，酮体是肝输出脂肪酸类能源的主要形式。

2. 增加了脑组织及肌肉组织的能源

由于酮体容易通过血脑屏障和肌肉中毛细血管壁，因此，在机体长期饥饿及糖供应不足时，酮体可代替葡萄糖成为脑组织和肌肉组织的主要能源。

正常情况下，肝生成的酮体能迅速被肝外组织利用，血中仅含少量，约为 0.03 ~ 0.5mmol/L。但是在糖供应不足（严重饥饿）、糖利用障碍（严重糖尿病）时，脂肪动员加强，肝内酮体生成过多，当超过肝外组织利用能力，引起血中酮体增多，由于酮体是酸性物质，可导致酮症酸中毒。当患者过多丙酮从肺呼出，由于丙酮带有烂苹果味，有助于临床医生作出诊断。

三、甘油三酯的合成代谢

人体许多组织都能合成甘油三酯，以肝和脂肪组织合成能力最强。合成原料是α-磷酸甘油及脂酰 CoA。

1. α-磷酸甘油的来源

α-磷酸甘油主要由糖代谢的中间产物磷酸二羟丙酮还原生成，也可来自甘油的磷酸化。

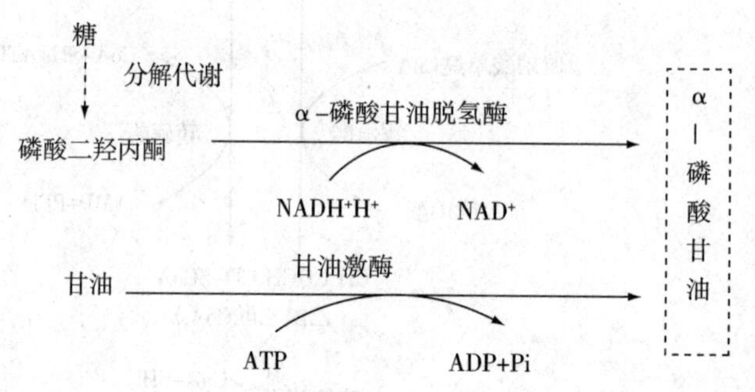

2. 脂酰 CoA 的合成

脂酰 CoA 的合成原料是乙酰 CoA，主要来自糖的氧化分解。合成过程中尚需供氢体 $NADPH^+H^+$，由磷酸戊糖途径产生，并需 ATP 供能。

3. 甘油三酯的合成

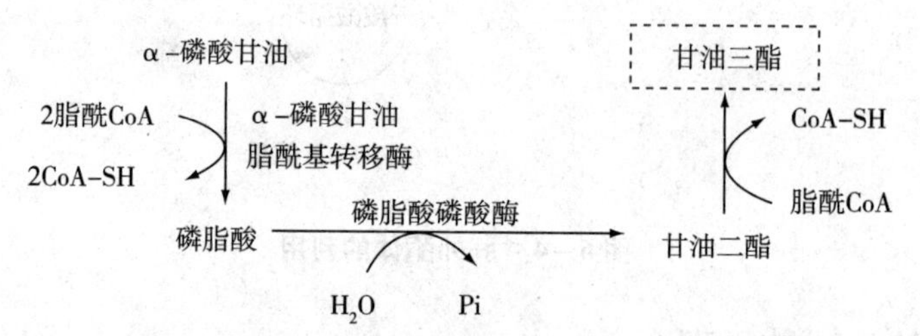

首先由 1 分子α-磷酸甘油加上 2 分子脂酰 CoA 生成磷脂酸，再水解成甘油二酯，甘油二酯再与 1 分子脂酰基结合即为甘油三酯。

第三节 类脂的代谢

一、磷脂代谢

类脂中含有磷酸的化合物称为磷脂，其中含有甘油的磷脂称为甘油磷脂。人体内含量最多的磷脂是甘油磷脂，本节主要以甘油磷脂为例进行介绍。

甘油磷脂既含有疏水基团，又具有亲水基团，在水和非极性溶剂中都有很大的溶解度，所以是蛋白质与脂类之间结合的桥梁，是形成血浆脂蛋白、帮助脂类代谢的重要组分，也是构成生物膜的重要物质。

磷脂酰胆碱（卵磷脂）和磷脂酰乙醇胺（脑磷脂）是重要的甘油磷脂，主要存在脑组织、大豆和蛋黄中。已开发的大豆卵磷脂，能促进肝中脂肪转运，防止肝中脂肪蓄积，常作抗脂肪肝的保健品。

1. 甘油磷脂的合成代谢

体内各组织细胞的内质网均可合成磷脂，其中以肝脏最为活跃。合成磷脂需要甘油二酯、磷酸盐、胆碱或乙醇胺（胆胺），还需 ATP、CTP 供能，辅助因子 FH_4 和维生素 B_{12} 参与，这些原料主要来自食物。

以磷脂酰胆碱（卵磷脂）和磷脂酰乙醇胺（脑磷脂）为例。首先，在体内酶的催化下，乙醇胺或胆碱先活化成 CDP－乙醇胺、CDP－胆碱，生成的 CDP－乙醇胺和 CDP－胆碱再与甘油二酯反应，生成磷脂酰乙醇胺和磷脂酰胆碱。步骤如下：

甘氨酸 → 丝氨酸 → 乙醇胺 → 胆碱

乙醇胺 →（ATP → ADP）→ 磷酸乙醇胺 →（CTP → PPi）→ CDP–乙醇胺

胆碱 →（ATP → ADP）→ 磷酸胆碱 →（CTP → PPi）→ CDP–胆碱

2. 甘油磷脂的分解代谢

体内甘油磷脂在多种磷脂酶的作用下，水解产生甘油、脂肪酸、磷酸、胆碱或胆胺，再分别进行有关合成代谢或分解代谢。磷脂酶 A_1、A_2、C、D 分别作用于甘油磷脂的各个酯键。

磷脂酶 A_2 水解磷脂，释放出溶血磷脂，它能使红细胞膜结构破坏，引起溶血和细胞坏死。急性胰腺炎的发病机理与胰腺磷脂酶 A_2 对胰腺细胞膜的损伤密切相关。某些蛇毒中含有磷脂酶 A_2，因此蛇毒进入人体时表现出严重溶血症状，临床上也可以利用毒蛇的溶血作用治疗血栓。

三、胆固醇代谢

胆固醇属甾醇类化合物，因其最早是从动物胆石中分离出来而得名。体内胆固醇有游离胆固醇和胆固醇酯两种形式。

胆固醇的分布：健康成人体内含胆固醇约140g，广泛分布于全身各组织中，其中神经组织（特别是脑）、肾上腺皮质、卵巢中含量最高，肝、肾、肠等内脏及皮肤、脂肪组织也含较多的胆固醇，骨骼中含胆固醇最低。

胆固醇的来源：人体内胆固醇来源，一是由食物摄入，称外源性胆固醇。正常人每天膳食中约含胆固醇 300～500mg，主要来自动物性食品，如肝、脑、肉类以及蛋黄、奶油等。二是体内合成，称内源性胆固醇。

（一）胆固醇的合成代谢

胆固醇（内源性）的主要来源是体内合成。肝是合成胆固醇的主要器官，乙酰 CoA

是合成胆固醇的原料，合成过程中需要 ATP 提供能量，$NADPH^+H^+$ 提供氢。乙酰 CoA、ATP、NADPH 主要来自糖的氧化分解。合成 1 分子胆固醇需要 18 分子乙酰 CoA、36 分子 ATP 及 16 分子 $NADPH^+H^+$。

胆固醇的合成过程比较复杂，近 30 步反应，一般分为三阶段：第一阶段是以乙酰 CoA 为原料合成甲羟戊酸（MVA），此过程有 HMG－CoA 还原酶催化，该酶是胆固醇合成的限速酶。第二阶段是由 MVA 缩合生成 30 碳的鲨烯。第三阶段是鲨烯在多种酶的催化下，经过一系列反应，最后生成胆固醇。

知识链接

胆固醇与动脉硬化

胆固醇是人体的重要物质，尤其是儿童与生长发育期的青少年，需足够的摄入量以满足机体需要。但是对中老年人而言，如果人体胆固醇代谢障碍或摄入量过大，就会沉积在动脉壁，导致动脉粥样硬化；若在胆汁沉积，则形成胆结石。因此，临床对于动脉粥样硬化及胆石症患者采用低脂饮食，避免食用油炸食物、奶油，少吃动物脑、内脏等食品，摄入适量的植物性食物（干扰肠道胆固醇的吸收），注重运动，以降低体内胆固醇的浓度。

（二）胆固醇的酯化

细胞内和血浆中的胆固醇都可以酯化为胆固醇酯。

血浆脂蛋白中的胆固醇，在卵磷脂－胆固醇脂酰转移酶（LCAT）催化下，接受卵磷脂分子上的脂酰基生成胆固醇酯。

$$\text{卵磷脂}+\text{胆固醇}\xrightarrow{LCAT}\text{胆固醇酯}+\text{溶血卵磷脂}$$

正常情况下，血浆胆固醇和胆固醇酯的比例约为 1∶3。当肝细胞受损，血液中 LCAT 含量减少，致使血浆胆固醇酯含量下降。因此，临床测定血浆两者比例，可了解肝功能情况。

（三）胆固醇的转化

胆固醇在体内不能氧化生成 CO_2 和 H_2O，所以不是体内的能源物质，但可转变为具有重要生理功能的类固醇物质。

1. 转变为胆汁酸

胆固醇在体内的主要代谢去路是在肝中转变为胆汁酸。正常人每天合成 1～1.5g 胆固醇，其中约 2/5 在肝中转变为胆汁酸，随胆汁排入肠道。胆汁酸能够降低油水两相间的表面张力，在肠道可促进脂类和脂溶性维生素的消化吸收。

2. 转变成类固醇激素

在肾上腺皮质和性腺，胆固醇可转变为肾上腺皮质激素和性激素，如在卵巢可转变为雌激素和孕激素，在睾丸可转变为雄激素。

3．转变为维生素 D_3

胆固醇在人体皮肤细胞内，可经脱氢氧化为7－脱氢胆固醇，经紫外线照射转变为维生素 D_3，参与钙磷代谢的调节。

除上述重要转变外，部分胆固醇可随胆汁排入肠腔，少数被重新吸收，大部分被肠道细菌作用还原成粪固醇，随粪便排出。

第四节 血 脂

一、血脂的来源与去路

（一）血脂的组成和含量

血浆所含脂类统称为血脂。血脂主要包括甘油三酯（TG）、磷脂（PL）、胆固醇（Ch）及胆固醇酯（CE）、游离脂肪酸（FFA）。血浆脂类虽仅占全身脂类总量的极少部分，但可以反映体内脂类代谢情况。病理情况下，如糖尿病患者和动脉粥样硬化患者，血脂增高，尤其是总胆固醇、甘油三酯浓度一般都明显升高。因此测定血脂含量是临床生化检验的常规项目。正常成人空腹12～14小时血脂组成及正常参考值见表6－2。

表6－2 正常人空腹血脂组成及正常参考值

组成	血浆含量		空腹时主要来源
	（mg/dl）	（mmol/L）	
脂类总量	400～700		
甘油三酯	10～150	0.11～1.69	肝
总磷脂	150～250	48.44～80.73	肝
总胆固醇	100～250	2.59～6.47	肝
胆固醇酯	70～200	1.81～5.17	
游离胆固醇	40～70	1.03～1.81	
游离脂肪酸	5～20	0.20～0.80	脂肪组织

（二）血脂的来源和去路

正常情况下，血浆脂类的来源和去路保持平衡（图6－5）。

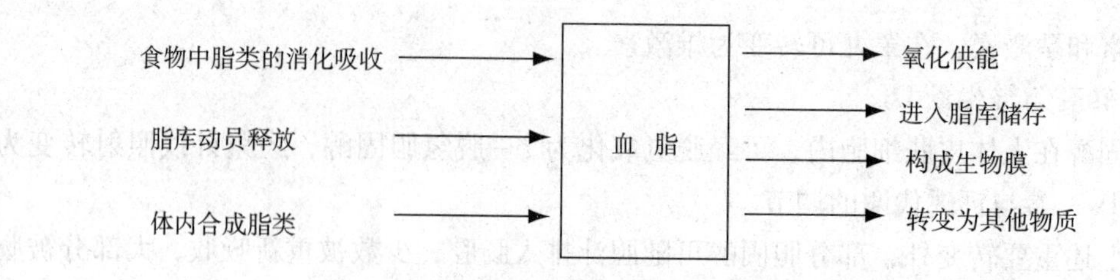

图 6-5 血脂的来源与去路

（三）血脂含量的影响因素

高脂饮食后可使血中脂类的浓度增高，食后 3～6 小时血脂趋于正常，故临床上采集清晨空腹 12～14 小时血清作为测定血脂的样品。脂类在血中浓度随年龄增加而升高，一般 20～50 岁的成年男性高于同龄的女性，但绝经期后女性显著增高。原发性高脂血症和继发性高脂血症可见血脂升高。

二、血浆脂蛋白

血浆中的脂类与载脂蛋白结合成的复合体称为血浆脂蛋白，是血中脂类的运输形式。脂类难溶于水，与血浆蛋白质结合后具有亲水性，有利于脂类的运输。

（一）血浆脂蛋白的组成及结构

血浆脂蛋白由蛋白质和脂类组成。血浆脂蛋白均含有脂类，即甘油三酯、磷脂、胆固醇及其酯，但比例不同。脂蛋白中的蛋白质部分即运输脂类的载体，称为载脂蛋白（apo），是肝及小肠黏膜细胞合成的特异性球蛋白，在脂蛋白代谢中发挥重要作用。甘油三酯动员释放出的游离脂肪酸则与血浆中的清蛋白结合而运输。各种脂蛋白都具有相似的基本结构，呈球状，内部是脂肪、胆固醇等疏水基团，表面是蛋白质、磷脂等亲水基团，使得脂蛋白能直接溶于血浆而运输。

（二）血浆脂蛋白的分类

血浆脂蛋白因所含脂类及蛋白质不同，其理化性质（密度、颗粒大小、表面电荷、电泳速率等）和生理功能也不相同，常用超速离心法或电泳法将血浆脂蛋白进行分类。

1. 电泳法

由于不同脂蛋白中的载脂蛋白含量和种类不同，在同一 pH 值溶液中其表面电荷不同，在电场中泳动的速度也不同。据此可将血浆脂蛋白分成四条区带，按移动快慢依次为 α-脂蛋白（α-LP）、前 β-脂蛋白（Preβ-LP）、β-脂蛋白（β-LP）和乳糜微粒（CM）（图 6-6）。

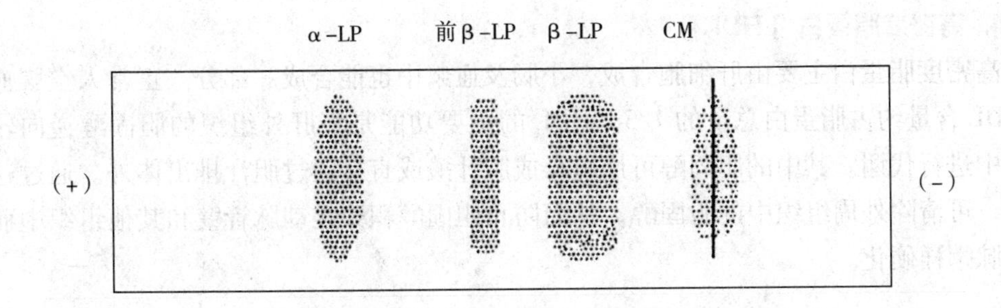

图6-6　血浆脂蛋白电泳图谱示意图（醋酸纤维素薄膜电泳）

2. 超速离心法

根据脂蛋白密度大小的不同进行分类。由于不同脂蛋白中脂类和蛋白质的比例不同，因此其密度也各不相同。含甘油三酯多而蛋白质少者密度低，相反则密度高。将血浆置于一定密度的盐溶液中超速离心，可将血浆脂蛋白分为四类。密度从小到大依次为乳糜微粒（CM）、极低密度脂蛋白（VLDL）、低密度脂蛋白（LDL）、高密度脂蛋白（HDL）。

这四类脂蛋白分别与电泳法的乳糜微粒、前β-脂蛋白、β-脂蛋白、α-脂蛋白相对应。

（三）血浆脂蛋白的代谢及功能

1. 乳糜微粒（CM）

空腹12~14小时后血浆中是测不到CM的，因为乳糜微粒是食物中脂类被小肠吸收后合成的脂蛋白，含甘油三酯最多，其主要生理功能是转运外源性甘油三酯。组织毛细血管内皮细胞表面存在有脂蛋白脂肪酶（LPL），能反复催化血中CM的甘油三酯水解，CM颗粒变小，残余颗粒被肝细胞摄取利用，血浆变清。正常人CM代谢快，半衰期为5~15分钟，因此空腹12~14小时后血浆中测不到CM。

2. 极低密度脂蛋白（VLDL）

极低密度脂蛋白的生理功能是将肝脏合成的内源性甘油三酯转运到肝外组织。极低密度脂蛋白大部分由肝细胞合成，也含较多的甘油三酯（肝合成）。若运输障碍使得脂肪不能正常转出肝，在肝脏堆积可产生脂肪肝。

极低密度脂蛋白在外周运转过程中脂蛋白颗粒逐渐变小，组成比例也发生变化，由原来富含甘油三酯的颗粒转变为富含胆固醇的颗粒，最后转变为低密度脂蛋白。

3. 低密度脂蛋白（LDL）

低密度脂蛋白在血浆中由VLDL转变而来，是正常成人空腹血浆中的主要脂蛋白，约占血浆脂蛋白总量的2/3。LDL含胆固醇最多，其功能是将内源性胆固醇从肝转运至肝外组织细胞。

人体大部分细胞膜的表面都有LDL受体，当血液中的LDL与受体结合，被吞入细胞水解利用，而过剩的胆固醇则在动脉壁沉积，形成斑块，这就是动脉粥样硬化的病理基础，由此诱发一系列的心血管系统疾病。因此临床上低密度脂蛋白指标的增高很值得重视。

4. 高密度脂蛋白（HDL）

高密度脂蛋白主要由肝细胞合成，小肠及血浆中也能合成一部分。正常人空腹血浆中 HDL 含量约占脂蛋白总量的 1/3。HDL 的主要功能是将肝外组织的胆固醇逆向转运到肝中进行代谢。其中的胆固醇可用以合成胆汁酸或直接通过胆汁排出体外。通过这种途径，可清除外周组织中的胆固醇，从而防止胆固醇积聚在动脉管壁和其他组织中而发生动脉粥样硬化。

表 6-3 血浆脂蛋白的分类、特点与主要功能

超速离心分类	乳糜微粒（CM）	极低密度脂蛋白（VLDL）	低密度脂蛋白（LD）	高密度脂蛋白（HDL）
电泳法分类	乳糜微粒	前 β-脂蛋白	β-脂蛋白	α-脂蛋白
蛋白质含量（%）	0.5~2	5~10	20~25	45~50
主要脂类成分	甘油三酯	甘油三酯	胆固醇	磷脂和胆固醇
密度（g/cm^3）	<0.95	0.95~1.006	1.006~1.063	1.063~1.210
形成部位	小肠	肝	血浆	肝、小肠、血浆
主要生理功能	转运外源性脂肪	转运内源性脂肪	转运肝内胆固醇至肝外	转运胆固醇至肝内代谢

三、高脂血症与高脂蛋白血症

血脂高于正常值的上限即为高脂血症。由于血脂在血中以脂蛋白形式运输，实际上高脂血症也可认为是高脂蛋白血症。临床常见的有高甘油三酯血症和高胆固醇血症，一般以成人空腹 12~24 小时血浆甘油三酯超过 2.26mmol/L（200mg/dl）、胆固醇超过 6.21mmol/L（240mg/dl），儿童胆固醇超过 4.14mmol/L（160mg/dl）为标准。高脂血症可分为原发性和继发性两大类。继发性高脂血症是继发于其他疾病如糖尿病、肾病和甲状腺功能减退等。原发性高脂血症是指原因不明的高脂血症，有些是遗传性缺陷。

高脂血症是动脉粥样硬化的危险因素，长期高脂血症容易引起脂类浸润，若沉积在大、中动脉管壁则可引起动脉粥样硬化。高胆固醇和高甘油三酯都可促进动脉粥样硬化的形成。高血压、家族性糖尿、高血糖症及长期吸烟者均可致动脉内皮细胞损伤，胆固醇易于沉积，可导致动脉粥样硬化。

同步训练

1. 脂类分为____和____两大类。
2. 脂肪酸多次 β-氧化降解的物质是____。其主要代谢去路有____。
3. 酮体包括____、____和____。酮体代谢的特点是____。
4. 血浆脂蛋白按超速离心法分为____、____、____和____四种。
5. 胆固醇在体内有哪些重要的转化？
6. 何谓高脂血症？高脂血症易患哪种疾病？

第七章　氨基酸与核苷酸的代谢

知识要点

掌握氨基酸的一般代谢过程；了解蛋白质的营养作用及氨基酸、糖和脂肪在代谢上的联系，了解核苷酸代谢。

蛋白质和核酸是生物体的重要组成成分，是生命活动的物质基础。体内蛋白质的结构和功能多种多样，其基本组成单位是氨基酸。因此，氨基酸代谢是蛋白质分解代谢的中心内容。蛋白质在体内首先分解为氨基酸，大多数氨基酸再进行脱氨基作用生成氨和α-酮酸，二者可进一步在体内代谢。氨是有毒物质，机体主要依靠肝解除氨的毒性，肝功能障碍可引起高血氨及氨中毒，严重时可导致肝性脑病。氨基酸还有其特殊的代谢途径，可参与重要物质生成，与临床医学有重要联系。核酸是生物遗传的物质基础，其基本组成单位是核苷酸。核苷酸代谢是核酸代谢的中心内容。本章重点介绍氨基酸的代谢，叙述蛋白质的营养作用及核苷酸代谢。

第一节　蛋白质的营养作用

食物蛋白质是人类必需的主要营养物质，组织蛋白质的更新以及氨基酸分解代谢均需摄入食物蛋白质加以补充。

一、蛋白质的生理功能

1. 维持组织细胞的生长、更新及修复

蛋白质是体内组织细胞的主要成分，参与构成各种组织细胞。随着机体的生长，新陈代谢，组织细胞不停地进行自我更新，机体必须从膳食中获取足够的优质蛋白质才能满足其生长、更新和修复的需要，对于处于生长发育期的婴幼儿和青少年、营养需求量增加的孕妇及康复期的病人尤其重要。

2. 参与体内各种重要的生理活动

人体内各种生理活动都需要蛋白质的参与，如肌肉收缩、代谢反应的催化与调节、物质运输、凝血与抗凝血功能、免疫功能、遗传与变异等。

3. 氧化供能

氧化供能是蛋白质的次要功能。蛋白质是人体的供能物质之一，每克蛋白质在体内氧化可释放17.19kJ（4.1kcal）能量。正常生理情况下，成人每日约有10%～15%的能量从蛋白质中获得。

二、蛋白质的需要量

人体每日需要多少蛋白质才能满足正常的生命活动呢？氮平衡是研究蛋白质需要量的重要手段。蛋白质的含氮量平均约为16%，可以通过测定氮元素的含量间接反映蛋白质的量。

1. 氮平衡

人体摄入的氮量主要来自于食物中的蛋白质，用于体内蛋白质的合成，而排出的氮量主要来自于粪便和尿液中的含氮化合物，是蛋白质在体内分解代谢的终产物。因此，测定食物和排泄物中的含氮量可以间接了解体内蛋白质合成代谢与分解代谢的概况。氮平衡是指人体每天摄入食物中的氮量与排泄物中的氮量的比例关系，它反映了人体内蛋白质代谢的情况。氮平衡有三种类型：

（1）氮的总平衡：指每天摄入氮量等于排出氮量，即摄入氮=排出氮。表明体内蛋白质的合成代谢与分解代谢相对平衡，即氮的“收支”平衡，见于营养正常的成人。

（2）氮的正平衡：指每天摄入氮量大于排出氮量，即摄入氮>排出氮。表明体内蛋白质的合成代谢大于分解代谢，常见于儿童、青少年、孕妇、哺乳期妇女及康复期的病人。

（3）氮的负平衡：指每天摄入氮量小于排出氮量，即摄入氮<排出氮。表明体内蛋白质的合成代谢小于分解代谢，常见于严重烧伤、出血、消耗性疾病患者及长期饥饿、高温作业者。

2. 蛋白质的需要量

氮平衡试验表明，成人在禁食蛋白质时，每日排泄氮量约为3.18g，大约相当于20g蛋白质。这个数值代表了机体每日蛋白质的最低需求量，但并不等于每日从食物中摄入20g蛋白质就能维持氮的总平衡。由于食物蛋白质与人体蛋白质在氨基酸组成上存在差异，不可能全部被利用，为了保持氮的总平衡，成人每日蛋白质的最低生理需要量为30～50g。为了长期维持氮的总平衡，我国营养学会推荐，体重60kg的健康成人每日蛋白质的需要量为80g。

三、蛋白质的营养价值

人体不仅需要摄入足量的蛋白质，还应注意蛋白质的营养价值。食物中蛋白质种类繁多，蛋白质营养价值的高低就取决于其所含必需氨基酸的种类、数量和比例。蛋白质所含必需氨基酸的种类多，数量充足，其营养价值就高，反之，其营养价值就低。动物蛋白质的必需氨基酸种类和比例与人体需要比较相近，所以动物蛋白质的营养价值比植物蛋白质高。

将营养价值较低的蛋白质混合食用，使必需氨基酸相互补充，从而提高蛋白质的营养价值，称为蛋白质互补作用。例如，谷类蛋白质中含赖氨酸少而色氨酸多，豆类蛋白质中含色氨酸少而赖氨酸多，将两者混合食用可以提高其营养价值。这就提醒人们在饮食上要注意食物种类多样化，防止营养不良。

知识链接

必需氨基酸

组成人体蛋白质的氨基酸有20种，营养学上将这20种氨基酸分为必需氨基酸和非必需氨基酸两大类。必需氨基酸是指人体需要而又不能自身合成，必须由食物供给的氨基酸。它们分别是缬氨酸、苏氨酸、赖氨酸、蛋氨酸、色氨酸、亮氨酸、异亮氨酸、苯丙氨酸八种。其余12种氨基酸是人体内可以自身合成，不一定非从食物中摄取的，称为非必需氨基酸。

第二节　氨基酸代谢

一、氨基酸的一般代谢

（一）氨基酸的代谢概况

构成人体内氨基酸代谢库的来源：①体内氨基酸的主要来源是由食物中的蛋白质消化吸收的氨基酸，称为外源性氨基酸。②体内组织蛋白质分解生成的氨基酸和体内合成的非必需氨基酸，称为内源性氨基酸。体内代谢库中氨基酸的去路有：①合成组织蛋白质和多肽。②合成嘌呤、嘧啶等含氮物质。③脱氨基作用分解生成α－酮戊二酸和氨。④脱羧基作用生成胺和二氧化碳。正常情况下，代谢库中氨基酸的来源和去路保持动态平衡。氨基酸代谢概况可归纳如下（图7－1）。

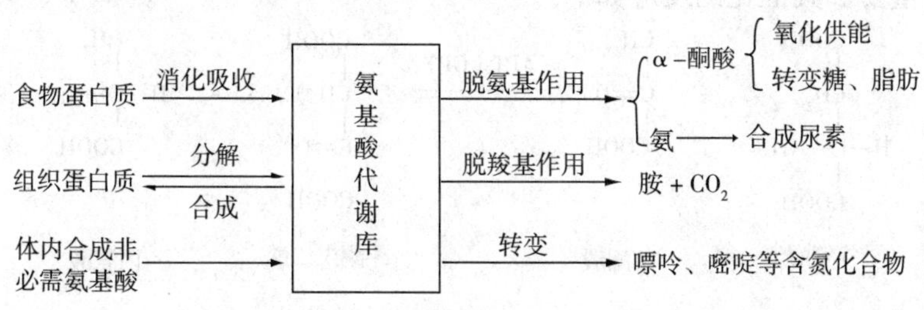

图7－1　氨基酸代谢概况

（二）氨基酸脱氨基作用

氨基酸分解代谢的主要途径是脱氨基作用，在大多数组织中均可进行。氨基酸脱氨基作用的方式主要有三种，即氧化脱氨基作用、转氨基作用和联合脱氨基作用，其中以联合脱氨基作用最重要。

1. 氧化脱氨基作用

氨基酸的氧化脱氨基作用是指氨基酸在氨基酸氧化酶的作用下，先脱氢，后加水，最终生成α-酮酸和氨的过程。体内催化氨基酸氧化脱氨基作用的酶有多种，但以L-谷氨酸脱氢酶最为重要。L-谷氨酸脱氢酶的辅酶是NAD^+或$NADP^+$，在体内分布广泛，活性高，尤其在肝和肾中活性最高，专一性强，它可逆地催化谷氨酸的合成与降解，所以其逆过程为体内合成非必需氨基酸的途径之一。其催化的反应如下：

$$\underset{\text{L-谷氨酸}}{\begin{array}{c}COOH\\|\\(CH_2)_2\\|\\CHNH_2\\|\\COOH\end{array}} \underset{\text{L-谷氨酸脱氢酶}}{\xrightleftharpoons{NAD^+ \quad NADH+H^+}} \underset{\text{亚谷氨酸}}{\begin{array}{c}COOH\\|\\(CH_2)_2\\|\\C{=}NH\\|\\COOH\end{array}} \underset{-H_2O}{\xrightleftharpoons{+H_2O}} \underset{\alpha\text{-酮戊二酸}}{\begin{array}{c}COOH\\|\\(CH_2)_2\\|\\C{=}O\\|\\COOH\end{array}} + NH_3$$

2. 转氨基作用

在酶的催化下，可逆地将一个氨基酸的α-氨基转移到另一个氨基酸的α-酮酸上，使其转变成相应的氨基酸，而原来的氨基酸则转变为相应的α-酮酸，这个过程称为氨基酸的转氨基作用。催化这种反应的酶称为转氨酶或氨基转移酶。

$$\underset{\alpha\text{-氨基酸}}{\begin{array}{c}R_1\\|\\H{-}C{-}NH_2\\|\\COOH\end{array}} + \underset{\alpha\text{-酮酸}}{\begin{array}{c}R_2\\|\\C{=}O\\|\\COOH\end{array}} \xrightleftharpoons{\text{氨基转移酶}} \underset{\alpha\text{-酮酸}}{\begin{array}{c}R_1\\|\\C{=}O\\|\\COOH\end{array}} + \underset{\alpha\text{-氨基酸}}{\begin{array}{c}R_2\\|\\H{-}C{-}NH_2\\|\\COOH\end{array}}$$

转氨基作用仅是氨基酸氨基的转移，并没有真正脱去，随着一个氨基酸的氨基转移，就有另一个氨基酸随着生成，所以转氨基作用既是氨基酸分解代谢的方式，也是体内合成非必需氨基酸的途径之一。

转氨酶的种类很多，分布广，特异性高。在各种转氨酶中，以丙氨酸氨基转移酶［ALT，又称谷丙转氨酶（GPT）］和天冬氨酸氨基转移酶［AST，又称谷草转氨酶（GOT）］最重要。其催化的反应如下：

$$\underset{\text{谷氨酸}}{\begin{array}{c}COOH\\|\\(CH_2)_2\\|\\H{-}C{-}NH_2\\|\\COOH\end{array}} + \underset{\text{丙酮酸}}{\begin{array}{c}CH_3\\|\\C{=}O\\|\\COOH\end{array}} \xrightleftharpoons{ALT（GPT）} \underset{\alpha\text{-酮戊二酸}}{\begin{array}{c}COOH\\|\\(CH_2)_2\\|\\C{=}O\\|\\COOH\end{array}} + \underset{\text{丙氨酸}}{\begin{array}{c}CH_3\\|\\H{-}C{-}NH_2\\|\\COOH\end{array}}$$

$$\underset{\text{谷氨酸}}{\begin{array}{c}COOH\\|\\(CH_2)_2\\|\\H{-}C{-}NH_2\\|\\COOH\end{array}} + \underset{\text{草酰乙酸}}{\begin{array}{c}COOH\\|\\CH_2\\|\\C{=}O\\|\\COOH\end{array}} \xrightleftharpoons{AST（GOT）} \underset{\alpha\text{-酮戊二酸}}{\begin{array}{c}COOH\\|\\(CH_2)_2\\|\\C{=}O\\|\\COOH\end{array}} + \underset{\text{天冬氨酸}}{\begin{array}{c}COOH\\|\\CH_2\\|\\H{-}C{-}NH_2\\|\\COOH\end{array}}$$

在正常情况下，转氨酶主要存在于细胞内，血清中的活性很低。ALT和AST在体内广泛存在，但各组织中的含量却不同（表7-1）。在肝组织中ALT的活性最高，心肌组织中AST的活性最高。

当某种原因使细胞膜通透性增大或细胞破损时，转氨酶可由细胞内大量释放进入血液，导致血清中转氨酶活性明显升高。例如急性肝炎患者血清ALT活性显著升高，心肌梗死患者血清AST活性明显升高。故临床上常以此作为疾病诊断和疗效观察的生化指标之一。

表7-1 正常人各组织中ALT和AST活性

组织	ALT（单位/每克湿组织）	AST（单位/每克湿组织）
心	7100	156000
胰	2000	28000
肝	44000	142000
脾	1200	14000
骨骼肌	4800	99000
肺	700	10000
肾	19000	91000
血清	16	20

3. 联合脱氨基作用

由两种以上的酶联合作用，使氨基酸先转氨基再脱氨基，生成α-酮酸和氨的反应过程，称为联合脱氨基作用。大多数氨基酸的脱氨基是通过联合脱氨基作用完成的，它是体内氨基酸脱氨基的主要方式。

（1）氨基转移酶与L-谷氨酸脱氢酶联合脱氨基作用：氨基酸与α-酮戊二酸在转氨酶催化下进行转氨基反应，生成相应的α-酮酸和谷氨酸，谷氨酸再经L-谷氨酸脱氢酶催化脱去氨基生成α-酮戊二酸和氨（图7-2）。此反应过程全部可逆，其逆过程是体内合成非必需氨基酸的主要方式。

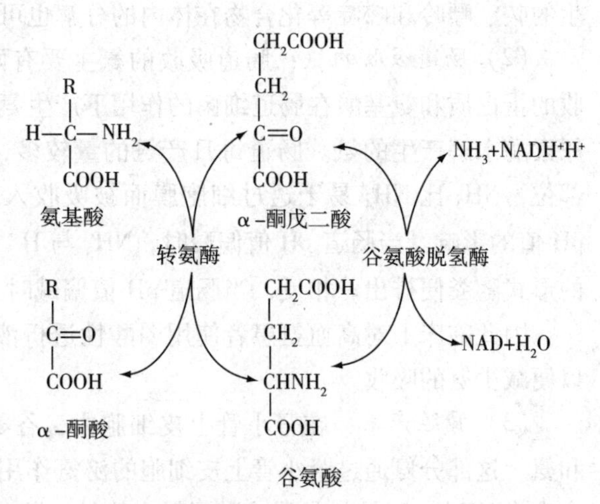

图7-2 氨基转移酶与谷氨酸脱氢酶联合脱氨基作用

由于转氨酶和L-谷氨酸脱氢酶广泛存在于肝、脑、肾等组织中，活性很强，所以在这些组织中的氨基酸可以通过这种联合脱氨基的方式脱去氨基。

（2）嘌呤核苷酸循环：在骨骼肌和心肌中，L-谷氨酸脱氢酶的活性很弱，氨基酸脱氨基主要通过嘌呤核苷酸循环脱去氨基，如图7-3所示。首先，氨基酸通过连续的转氨基作用把氨基转移给草酰乙酸，使其生成天冬氨酸，天冬氨酸再与次黄嘌呤核苷酸（IMP）作用生成腺嘌呤核苷酸（AMP），AMP 在腺嘌呤核苷酸脱氨酶的催化下脱去氨基，生成氨和 IMP，最终完成氨基酸的脱氨基作用。IMP 可以再参加循环，因此称为嘌呤核苷酸循环。

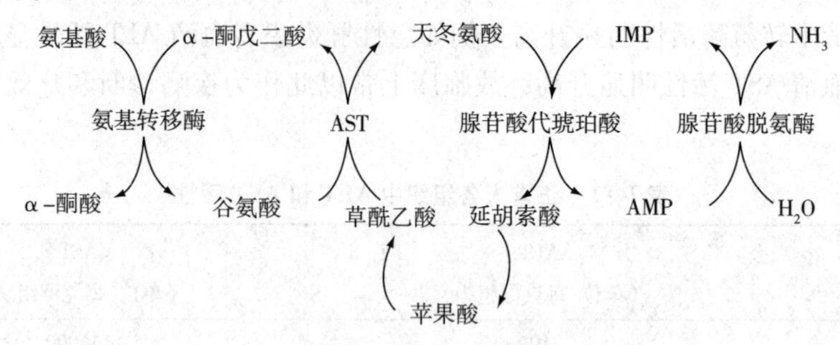

图 7-3 嘌呤核苷酸循环

（三）氨代谢

氨具有一种强烈的神经毒性，脑组织对氨的毒性尤其敏感。动物实验表明，当家兔血氨浓度达到 50mg/100ml 时，就可引起家兔中毒死亡。正常人的血氨浓度很低，在 47～65mmol/L，不会出现氨中毒的情况，这是氨的来源与去路保持动态平衡的结果。

1. 体内氨的来源

（1）氨基酸脱氨基作用产生的氨：这是体内氨的主要来源。氨基酸脱羧基作用产生的胺、嘌呤和嘧啶等化合物在体内的分解也可以产生氨。

（2）肠道吸收的氨：肠道吸收的氨主要有两个来源，一部分是由肠道内未消化吸收的蛋白质和氨基酸在肠道细菌的作用下产生氨，另一部分是血中尿素渗入肠道经细菌尿素酶水解产生的氨。肠道每日产氨的量较多，大约 4g。肠道内氨的吸收主要在结肠部位，NH_3 比 NH_4^+ 易于透过细胞膜而被吸收入血液。NH_3 与 NH_4^+ 的相互转变受肠道 pH 值的影响。当肠道 pH 值偏酸时，NH_3 与 H^+ 结合成 NH_4^+，氨的吸收减少，多以铵盐的形式随粪便排出。相反，当肠道 pH 值偏碱时，NH_4^+ 易转变成 NH_3，氨的吸收增多。

因此临床上对高血氨患者使用弱酸性透析液做结肠透析，禁止用碱性肥皂水灌肠，以便减少氨的吸收。

（3）肾脏产氨：在肾小管上皮细胞内，谷氨酰胺酶催化谷氨酰胺水解生成谷氨酸和氨。这部分氨通过肾小管上皮细胞的泌氨作用分泌到肾小管管腔中，与尿中的 H^+ 结合生成 NH_4^+，以铵盐的形式随尿排出体外。肾小管的泌氨作用受尿液 pH 值的影响。酸性尿有利于氨扩散入尿，使氨以铵盐形式随尿排出，血氨降低；而碱性尿则妨碍氨的分泌，使氨被吸收入血液，不利于氨的排泄，使血氨升高。

临床上对肝硬化腹水患者不宜使用碱性利尿药，以防血氨升高。

2. 氨在血液中的转运

氨是有毒物质，体内产生的氨必须以无毒的形式经血液运输到肝合成尿素或运往肾以铵盐的形式排泄。氨在血液中主要以丙氨酸和谷氨酰胺两种形式运输。

（1）丙氨酸－葡萄糖循环（氨从肌肉运往肝）：肌肉组织中的氨基酸通过转氨基作用将氨基转给丙酮酸生成丙氨酸，丙氨酸经血液运输到肝，在肝中，丙氨酸经过联合脱氨基作用生成丙酮酸和氨。丙酮酸经过糖异生途径生成葡萄糖，氨用于合成尿素。葡萄糖通过血液运往肌肉组织，沿糖酵解途径又生成丙酮酸，后者接受氨基再生成丙氨酸。丙氨酸和葡萄糖就通过这种方式完成肌肉与肝之间氨的转运，形成一个循环，称为丙氨酸－葡萄糖循环（图7－4）。

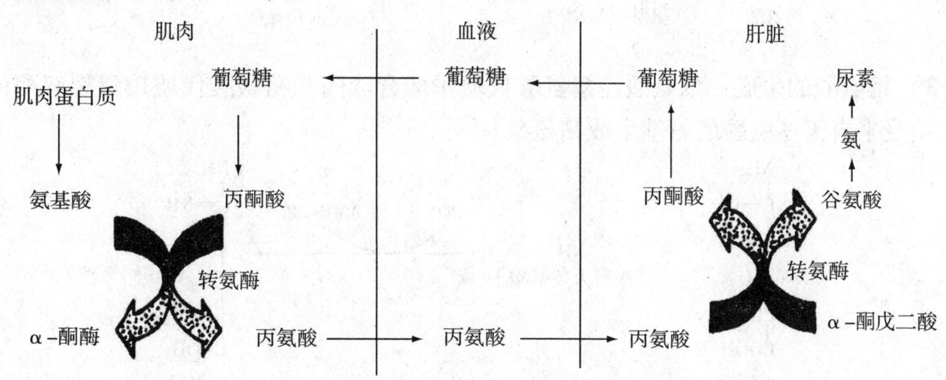

图7－4　丙氨酸－葡萄糖循环

（2）谷氨酰胺的运氨作用（氨从脑和肌肉等组织运往肝或肾）：脑、肌肉等组织细胞中的谷氨酰胺合成酶可以催化谷氨酸与氨合成谷氨酰胺。谷氨酰胺经过血液运输到肝或肾，再经过谷氨酰胺酶催化水解生成谷氨酸和氨。在肝脏中，氨可以合成尿素，再经过肾脏通过尿液排出体外。在肾脏中，NH_3可与H^+结合成NH_4^+，随尿液排出。因此认为，谷氨酰胺既是氨的解毒形式，又是氨的储存和运输形式。

$$\text{谷氨酸} + NH_3 \underset{\text{谷氨酰胺酶}\quad H_2O}{\overset{ATP\quad \text{谷氨酰胺合成酶}\quad ADP+Pi}{\rightleftharpoons}} \text{谷氨酰胺}$$

3. 氨的去路

（1）尿素的生成：正常情况下，体内产生的氨大部分通过在肝内合成无毒的尿素，再由肾脏排出的方式解毒，只有少部分氨以铵盐形式随尿排出。尿素是在肝细胞的线粒体和细胞液中通过尿素循环（又称鸟氨酸循环）合成的，其反应过程可分为以下四步：

1）氨基甲酰磷酸的合成：NH_3与CO_2可由氨基甲酰磷酸合成酶Ⅰ（CPS－Ⅰ）催化生成氨基甲酰磷酸。此过程消耗2分子ATP，为不可逆反应。

$$NH_3 + CO_2 + H_2O \xrightarrow[2ATP \quad 2ADP+Pi]{\text{氨基甲酰磷酸合成酶I}} H_2N-\overset{\overset{\displaystyle O}{\|}}{C}-O\sim PO_3H_2$$

2）瓜氨酸的合成：氨基甲酰磷酸与鸟氨酸在鸟氨酸氨基甲酰磷酸转移酶（OCT）的催化下缩合生成瓜氨酸。此反应不可逆。

$$\begin{array}{c}NH_2\\|\\(CH_2)_3\\|\\CHNH_2\\|\\COOH\end{array} + \begin{array}{c}NH_2\\|\\C{=}O\\|\\O\sim PO_3H_2\end{array} \xrightarrow{\text{鸟氨酸氨基甲酰转移酶}} \begin{array}{c}NH_2\\|\\C{=}O\\|\\NH\\|\\(CH_2)_3\\|\\CHNH_2\\|\\COOH\end{array} + H_3PO_4$$

鸟氨酸　　　氨基甲酰磷酸　　　瓜氨酸

3）精氨酸的生成：瓜氨酸经精氨酸代琥珀酸合成酶和精氨酸代琥珀酸裂解酶的催化，接受来自天冬氨酸的氨基生成精氨酸。

$$\begin{array}{c}NH_2\\|\\C{=}O\\|\\NH\\|\\(CH_2)_3\\|\\CHNH_2\\|\\COOH\end{array} + \begin{array}{c}NH_3\\(\text{来自天冬氨酸})\end{array} \xrightarrow[\text{ATP}\ \ \ \ \text{AMP+PPi}]{} \begin{array}{c}NH_2\\|\\C{=}NH\\|\\NH\\|\\(CH_2)_3\\|\\CHNH_2\\|\\COOH\end{array}$$

瓜氨酸　　　　　　精氨酸

4）尿素的生成和鸟氨酸的再生：精氨酸经精氨酸酶的催化，水解生成尿素和鸟氨酸，鸟氨酸再参与瓜氨酸的合成，如此反复，构成尿素循环（鸟氨酸循环）。

$$\begin{array}{c}NH_2\\|\\C{=}NH\\|\\NH\\|\\(CH_2)_3\\|\\CHNH_2\\|\\COOH\end{array} + H_2O \xrightarrow{\text{精氨酸酶}} \begin{array}{c}NH_2\\|\\C{=}O\\|\\NH_2\end{array} + \begin{array}{c}NH_2\\|\\(CH_2)_3\\|\\CHNH_2\\|\\COOH\end{array}$$

精氨酸　　　尿素　　　鸟氨酸

鸟氨酸循环是耗能的不可逆过程，每一次循环，消耗 3 分子 ATP，使 2 分子 NH_3 和 1 分子 CO_2合成一分子尿素。临床上常给予精氨酸治疗高血氨。

鸟氨酸循环详细过程总结于图 7－5。

尿素是无毒、中性、水溶性强的化合物，主要通过血液运至肾脏随尿液排出。当肾功能严重损坏时，血液中尿素含量升高，因此，血清尿素含量是反映肾功能的重要生化指标之一。

（2）谷氨酰胺的合成：在脑、肌肉等组织细胞中，氨与谷氨酸在谷氨酰胺合成酶的催化下合成谷氨酰胺。谷氨酰胺经血液运往肝或肾，再经过谷氨酰胺酶催化重新生成谷氨酸和氨。在肝中合成尿素。在肾脏中，NH_3 与 H^+结合成 NH_4^+，随尿排出。

临床上对肝性脑病患者可服用或输入谷氨酸盐以降低血氨浓度。

（3）氨代谢的其他途径：体内的氨还可以合成非必需氨基酸，以及参与嘌呤、嘧啶等含氮化合物的合成。

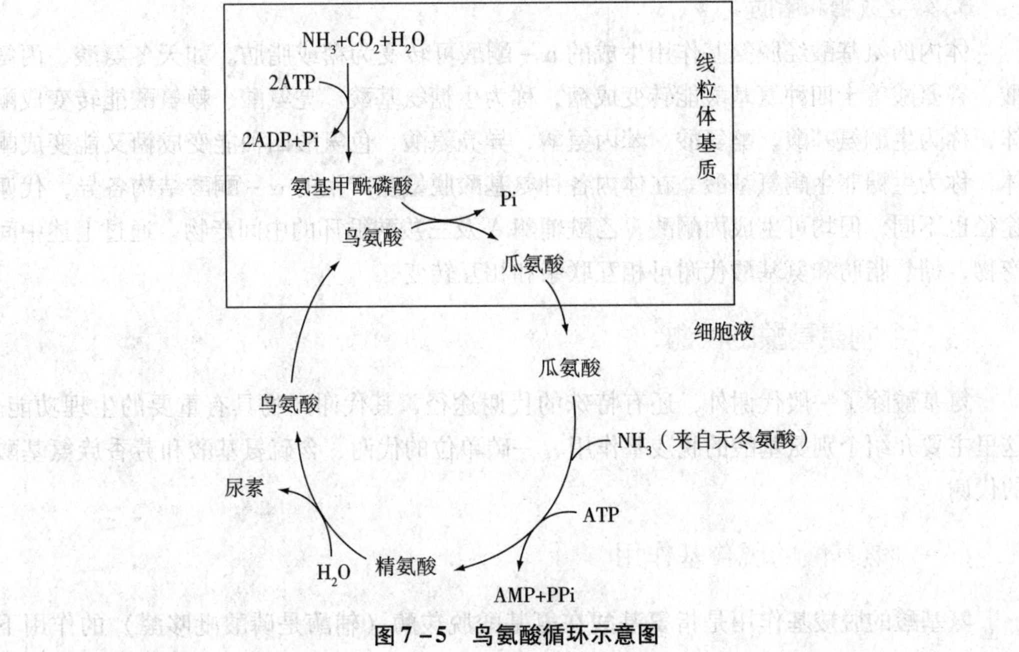

图7-5 鸟氨酸循环示意图

知识链接

高血氨与氨中毒

正常情况下，血氨浓度很低（18~72μmol/L），血氨的来源与去路保持动态平衡。由于体内的氨绝大多数经肝合成尿素排出体外，因此肝是维持这一平衡的关键。肝功能严重受损或尿素合成相关酶有遗传缺陷时，尿素合成发生障碍，血氨浓度升高。当血氨超过正常值时称为高血氨症。一般认为，氨进入脑组织，可与脑中的α-酮戊二酸结合生成谷氨酸，谷氨酸又可与氨进一步结合生成谷氨酰胺，以降低氨的浓度。高血氨时，氨的增加使α-酮戊二酸减少，导致三羧酸循环减弱，ATP生成减少，导致大脑功能障碍，严重时可引起昏迷。这就是引起肝性脑病的重要原因之一。

（四）α-酮酸的代谢

氨基酸经脱氨基作用生成的α-酮酸在体内有三条代谢途径。

1. 生成非必需氨基酸

α-酮酸经过转氨基作用或联合脱氨基作用的逆过程生成非必需氨基酸。

2. 氧化供能

α-酮酸可以直接或间接地进入三羧酸循环彻底氧化生成 CO_2 和 H_2O，同时释放能量供机体需要。

3. 转变成糖和脂肪

体内的氨基酸经脱氨基作用生成的α－酮酸可转变为糖或脂肪。如天冬氨酸、丙氨酸、谷氨酸等十四种氨基酸能转变成糖，称为生糖氨基酸。亮氨酸、赖氨酸能转变成酮体，称为生酮氨基酸。酪氨酸、苯丙氨酸、异亮氨酸、色氨酸四种能变成糖又能变成酮体，称为生糖兼生酮氨基酸。在体内各种氨基酸脱氨基产生的α－酮酸结构各异，代谢途径也不同，但均可生成丙酮酸、乙酰辅酶A及三羧酸循环的中间产物。通过上述中间产物，糖、脂肪和氨基酸代谢可相互联系和相互转变。

二、个别氨基酸的代谢

氨基酸除了一般代谢外，还有特殊的代谢途径，其代谢产物具有重要的生理功能。这里主要介绍个别氨基酸的脱羧基作用、一碳单位的代谢、含硫氨基酸和芳香族氨基酸的代谢。

（一）氨基酸的脱羧基作用

氨基酸的脱羧基作用是指氨基酸在氨基酸脱羧酶（辅酶是磷酸吡哆醛）的作用下脱羧生成CO_2和胺的过程。体内胺类含量虽然不高，却具有重要的生理活性。如果胺类生成过多，可导致神经系统和心血管系统的功能紊乱。体内广泛存在胺氧化酶，能将胺氧化成为相应的醛，再氧化成羧酸，从而避免胺类在体内的蓄积中毒。

$$\underset{\text{胺}}{RCH_2NH_2}+O_2+H_2O \xrightarrow{\text{胺氧化酶}} \underset{\text{醛}}{RCHO}+H_2O_2+NH_3$$

$$\underset{\text{醛}}{RCHO}+\frac{1}{2}O_2 \longrightarrow \underset{\text{酸}}{RCOOH}$$

1. 组胺

组氨酸脱羧酶催化组氨酸脱羧生成组胺。组胺在体内分布广泛，乳腺、肺、肝、肌肉及胃黏膜含量较高，主要存在于肥大细胞中。组胺是一种强烈的血管扩张剂，并能增加毛细血管的通透性，使平滑肌收缩，促进胃酸分泌等。组胺释放过多，可引起血压下降、支气管哮喘等症状。其反应过程如下：

$$\text{组氨酸} \xrightarrow[\text{磷酸吡哆醛}]{\text{组氨酸脱羧酶}} \text{组胺} + CO_2$$

2. γ－氨基丁酸（GABA）

谷氨酸脱羧酶催化谷氨酸脱羧生成γ－氨基丁酸（GABA），GABA在脑组织中的浓度较高，它是抑制性神经递质，可抑制神经突触的传导，降低大脑的兴奋性。当机体缺乏维生素B_6时，GABA含量减少，大脑兴奋性增强，常出现失眠、烦躁不安等症状。临床上用作镇静剂。

$$\text{谷氨酸} \xrightarrow[\text{磷酸吡哆醛}]{\text{谷氨酸脱羧酶}} \gamma-\text{氨基丁酸} + CO_2$$

3. 5－羟色胺

色氨酸经过色氨酸羟化酶催化生成5－羟色氨酸，再经过脱羧酶催化生成5－羟色胺（5－HT）。5－羟色胺广泛分布于体内各组织，脑组织中的5－羟色胺是一种神经递质，具有抑制作用，直接影响神经传导。在外周组织中，5－羟色胺具有收缩血管、升高血压的作用。

$$色氨酸\xrightarrow{色氨酸羟化酶}5-羟色氨酸\xrightarrow[磷酸吡哆醛]{5-羟色氨酸脱羧酶}5-羟色胺+CO_2$$

4. 牛磺酸

牛磺酸是由半胱氨酸转化而来的。半胱氨酸先氧化生成磺基丙氨酸，再脱羧生成牛磺酸。牛磺酸是结合胆汁酸的成分之一，还能促进大脑的发育，对缺血心肌有保护作用。

5. 多胺

多胺是指含有多个氨基的化合物。某些氨基酸经脱羧基作用可生成多胺类物质，多胺是调节细胞生长的重要物质。凡生长旺盛的组织，如胚胎、再生肝、生长激素作用的靶细胞、癌瘤组织等多胺的含量均有所增加。多胺还能促进核酸和蛋白质的合成。

临床上测定肿瘤患者血、尿中多胺含量可作为观察病情和辅助诊断的指标之一。

（二）氨基酸与一碳单位代谢

1. 一碳单位与四氢叶酸

某些氨基酸在分解代谢过程中产生的含有一个碳原子的基团，称为一碳单位或一碳基团，如甲基（$-CH_3$）、亚甲基（$-CH_2-$）、次甲基（$=CH-$）、甲酰基（$-CHO$）、亚氨甲基（$-CH=NH$）等。一碳单位不能游离存在，必须由其载体携带。

一碳单位常与四氢叶酸（FH_4或THFA）结合转运和参加代谢。四氢叶酸（FH_4）是一碳单位的载体，也是一碳单位转移酶的辅酶。它由叶酸经二氢叶酸还原酶催化生成。FH_4分子上N^5、N^{10}原子是结合一碳单位的部位。如亚甲基被FH_4转运时可连接于N^5、N^{10}原子上，称为N^5N^{10}亚甲基四氢叶酸（$N^5,N^{10}-CH_2-FH_4$）。体内重要的一碳单位转运形式有$N^5,N^{10}-CH_2-FH_4$、$N^5,N^{10}=CH-FH_4$、$N^{10}-CHO-FH_4$、$N^5-CH=NH-FH_4$、$N^5-CH_3-FH_4$等。

2. 一碳单位与氨基酸代谢

体内的一碳单位主要来源于甘氨酸、丝氨酸、组氨酸、色氨酸的分解代谢。一碳单位生成后随即连接在FH_4分子上。如色氨酸分解可产生$N^{10}-CHO-FH_4$；丝氨酸和甘氨酸分解可产生$N^5,N^{10}-CH_2-FH_4$；甘氨酸分解可产生$N^5,N^{10}=CH-FH_4$；组氨酸分解可生成$N^5-CH=NH-FH_4$等。上述一碳单位之间可以相互转变，但$N^5-CH_3-FH_4$生成后不再逆转。其转变关系如图7－6。

3. 一碳单位的生理意义

一碳单位的主要功能是作为嘌呤、嘧啶的合成原料，故一碳单位在核酸的生物合成中具有重要作用。一碳单位代谢障碍可影响核酸的合成，抑制细胞分裂、成熟，引起某些疾病，如巨幼红细胞性贫血。此外，一碳单位还可提供甲基，参与体内许多重要的甲基化反应。

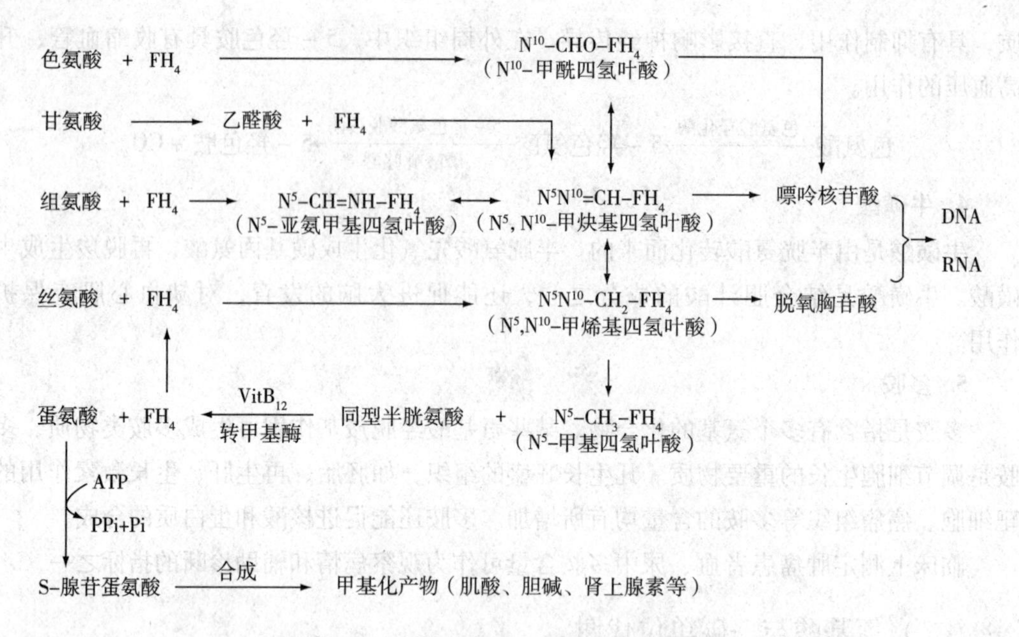

图 7-6　一碳单位来源、转变和利用示意图

（三）含硫氨基酸的代谢

含硫氨基酸包括蛋氨酸、半胱氨酸和胱氨酸，这三种氨基酸的代谢是相互联系的。蛋氨酸可转变成半胱氨酸和胱氨酸，半胱氨酸与胱氨酸可以互相转变，但两者都不能转变为蛋氨酸。所以蛋氨酸是营养必需氨基酸。

1. 蛋氨酸的代谢

（1）*蛋氨酸循环*：蛋氨酸可在腺苷转移酶的催化下与 ATP 反应，生成 S-腺苷蛋氨酸（SAM），SAM 中的甲基称为活性甲基，SAM 称为活性蛋氨酸。SAM 是体内甲基最重要的直接供体。SAM 提供甲基后转变为 S-腺苷同型半胱氨酸，后者脱去腺苷生成同型半胱氨酸，同型半胱氨酸再接受 $N^5-CH_3-FH_4$ 上的甲基，重新生成蛋氨酸，形成一个循环，称为蛋氨酸循环（图 7-7）。此循环的生理意义是将不同来源的一碳单位转变成活性甲基供体 SAM，参与体内广泛存在的甲基化反应，以合成肾上腺素、肌酸、胆碱、肉碱等多种含甲基的重要生理活性物质。

蛋氨酸循环能使 $N^5-CH_3-FH_4$ 的甲基得以利用，使 FH_4 再生，提高 FH_4 的利用率，减少蛋氨酸的消耗。$N^5-CH_3-FH_4$ 将甲基转给同型半胱氨酸生成蛋氨酸的反应是由 $N^5-CH_3-FH_4$ 转甲基酶催化的，其辅酶是维生素 B_{12}。

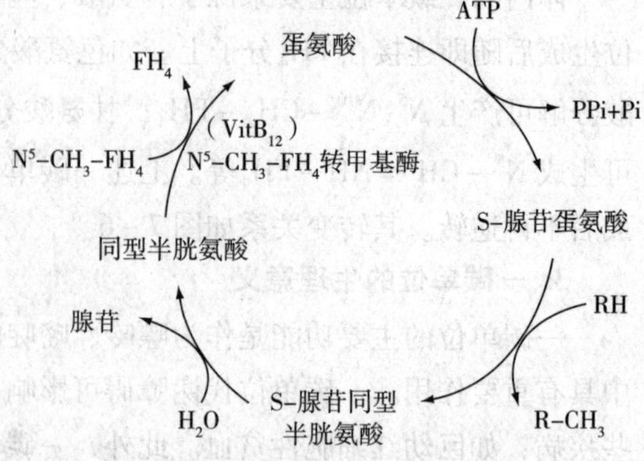

图 7-7　蛋氨酸循环示意图

当维生素 B_{12} 缺乏时，$N^5-CH_3-FH_4$ 上的甲基不能转移给同型半胱氨酸，这就影响蛋氨酸的合成和 FH_4 的再生，使细胞

内游离的 FH_4 减少，导致一碳单位代谢障碍，核酸合成障碍，影响细胞分裂，引起巨幼红细胞性贫血。

（2）肌酸的合成：肌酸和磷酸肌酸是能量利用与储存的重要物质。肌酸以甘氨酸为骨架，由精氨酸提供脒基，SAM 提供甲基，在肌酸肌酶（CK）的催化下合成。肝是合成肌酸的主要器官。肌酸接受 ATP 的高能磷酸基转变成磷酸肌酸，参与能量的储存和利用。磷酸肌酸在心肌、骨骼肌和脑组织中含量丰富。肌酸和磷酸肌酸的终代谢产物是肌酐，肌酐随尿排出。

正常人每日尿中排出的肌酐量恒定，且肾小管对其重吸收率极低，故临床上通过测定血清和尿中的肌酐含量，来判断肾的滤过功能。

2. 半胱氨酸与胱氨酸的代谢

（1）活性硫酸根：半胱氨酸含有巯基（-SH），胱氨酸含有二硫键（-S-S-），两者可以相互转变。半胱氨酸经过脱巯化氢酶催化，脱下的 H_2S 可氧化成 H_2SO_4。体内的硫酸根，一部分以无机盐的形式随尿排出，另一部分由 ATP 活化生成活性硫酸根，即 3′-磷酸腺苷-5′-磷酸硫酸（PAPS），PAPS 化学性质活泼，可提供硫酸根使某些物质生成硫酸酯。如硫酸软骨素的合成需要 PAPS 提供大量的硫酸根。它还参与药物、毒物等非营养物的生物转化作用。

（2）谷胱甘肽：体内多数组织都可以合成谷胱甘肽，它是由谷氨酸、半胱氨酸、甘氨酸组成的三肽。谷胱甘肽的活性基团是半胱氨酸残基的巯基，具有氧化还原的性质，所以谷胱甘肽有氧化型（GSSG）和还原型（GSH）两种，这两种形式经谷胱甘肽还原酶催化互变，其辅酶为 NADPH。GSH 参与体内多种还原反应，对维持巯基酶的活性，处理机体内产生的自由基或 H_2O_2，保护细胞膜的完整性，促进高铁血红蛋白还原为血红蛋白等起着重要作用。

（四）芳香族氨基酸的代谢

芳香族氨基酸包括苯丙氨酸、酪氨酸和色氨酸。苯丙氨酸羟化可转变成酪氨酸。

1. 苯丙氨酸和酪氨酸的代谢

（1）正常情况下，苯丙氨酸的主要代谢途径是经苯丙氨酸羟化酶的催化作用生成酪氨酸，次要途径是经转氨基作用生成苯丙酮酸。

知识链接

苯丙酮酸尿症

先天性苯丙氨酸羟化酶缺陷患者不能将苯丙氨酸转变成酪氨酸，苯丙氨酸经转氨基作用生成大量苯丙酮酸，苯丙酮酸及其部分代谢产物由尿排出，称苯丙酮酸尿症。表现为患儿脑发育障碍，智力低下。

（2）苯丙氨酸和酪氨酸在神经组织和肾上腺髓质合成多巴胺、去甲肾上腺素、肾上腺素等儿茶酚胺类神经递质和激素。

（3）酪氨酸在黑色素细胞中经酪氨酸酶作用羟化生成多巴，后者经氧化、脱羧等反应生成黑色素。

（4）甲状腺球蛋白分子上的酪氨酸残基经碘化可合成甲状腺素。

苯丙氨酸、酪氨酸的代谢途径见图7-8。

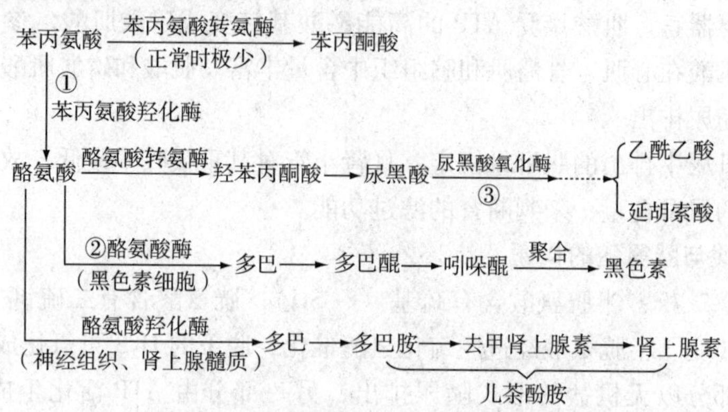

图7-8　苯丙氨酸、酪氨酸的代谢

2. 色氨酸代谢

色氨酸在体内除了生成5-羟色胺和一碳单位外，还可以分解生成丙酮酸和乙酰辅酶A，故色氨酸是生糖兼生酮氨基酸。少部分色氨酸还可以转变成烟酸，但由于合成量很少，不能满足机体的需要，仍需食物供给。

第三节　氨基酸、糖和脂肪在代谢上的联系

氨基酸、糖和脂肪代谢过程是相互联系的。它们通过三羧酸循环和氧化磷酸化联系成整体，相互影响。三者之间可以相互转变，而一种物质代谢障碍又会引起其他物质代谢的紊乱。

一、糖可转变成脂肪

正常饮食摄入过多糖类物质时，多余的糖类除了合成糖原贮存外，还可以合成脂肪在脂肪组织中贮存，即糖可以转变成脂肪。然而，脂肪不能在体内转变为糖，因为丙酮酸氧化脱羧生成乙酰辅酶A的反应是不可逆过程。只有脂肪的分解产物甘油可以转变成糖，但其量是极少的。此外，脂肪分解代谢的强弱与糖代谢的进行密切相关。当饥饿、糖供给不足或糖代谢障碍时，可引起脂肪大量动员，分解代谢加强。

二、糖与部分氨基酸可以相互转变

体内组成蛋白质的氨基酸有20种，除了生酮氨基酸（亮氨酸和赖氨酸）外，其他都可以通过转氨基或脱氨基作用生成相应的α-酮酸，α-酮酸可以转变成某些糖代谢的中间代谢物，如丙酮酸、草酰乙酸、α-酮戊二酸等，它们既可以通过三羧酸循环及氧化磷

酸化生成 CO_2 和 H_2O，并释放能量，也可以沿糖异生途径转变成糖，即氨基酸可以转变成糖。同时糖代谢的一些中间产物，如丙酮酸、草酰乙酸、α－酮戊二酸等也可以通过氨基化生成某些非必需氨基酸。但八种必需氨基酸不能由糖代谢中间产物转变而来，必须由食物供给。所以食物中的蛋白质能代替糖和脂肪的功能，但糖和脂肪不能代替蛋白质。

三、氨基酸能转变成脂肪

体内的氨基酸分解后均生成乙酰辅酶 A，后者经还原缩合反应可以合成脂肪酸进而合成脂肪，所以蛋白质可以转变成脂肪。此外，某些氨基酸可以作为合成磷脂的原料。但脂肪不能转变为氨基酸，仅脂肪的分解产物甘油可以沿糖异生途径生成糖，糖再转变为某些非必需氨基酸。

糖、脂肪和蛋白质代谢的联系见图 7－9。

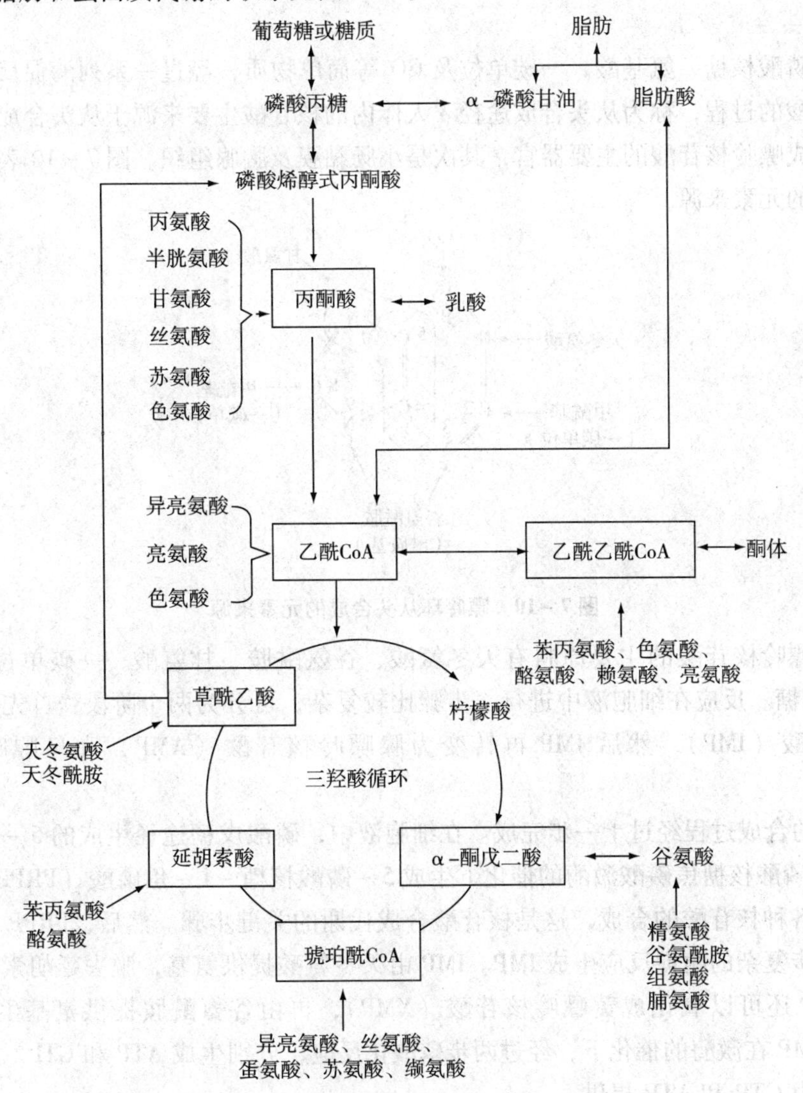

图 7－9　糖、脂肪和蛋白质代谢的联系

第四节　核苷酸代谢

核苷酸是组成核酸的基本单位，人体内的核苷酸主要由机体细胞自身合成，少量来自于食物中核酸消化产物的吸收。核苷酸的代谢包括核糖核苷酸和脱氧核糖核苷酸的合成代谢和分解代谢。

一、核苷酸的合成代谢

（一）嘌呤核苷酸的合成

体内嘌呤核苷酸的合成代谢主要有两条途径。

1. 从头合成途径

利用磷酸核糖、氨基酸、一碳单位及CO_2等简单物质，经过一系列酶促反应，合成嘌呤核苷酸的过程，称为从头合成途径。人体内的核苷酸主要来源于从头合成途径。肝是从头合成嘌呤核苷酸的主要器官，其次是小肠黏膜及胸腺组织。图 7－10 表示嘌呤环从头合成的元素来源。

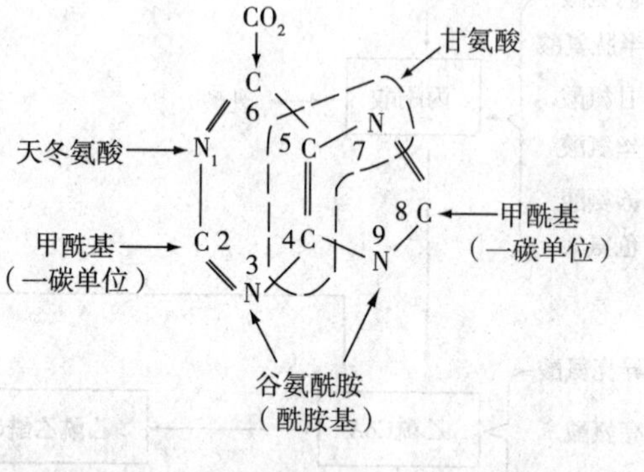

图 7－10　嘌呤环从头合成的元素来源

合成嘌呤核苷酸的主要原料有天冬氨酸、谷氨酰胺、甘氨酸、一碳单位、CO_2和5－磷酸核糖。反应在细胞液中进行，步骤比较复杂，可分为两个阶段：首先合成次黄嘌呤核苷酸（IMP），然后 IMP 再转变为腺嘌呤核苷酸（AMP）和鸟嘌呤核苷酸（GMP）。

IMP 的合成过程经过十一步完成。在细胞液中，磷酸戊糖途径生成的 5－磷酸核糖与 ATP 在磷酸核糖焦磷酸激酶的催化下生成 5－磷酸核糖－1－焦磷酸（PRPP）。PRPP 可以参与各种核苷酸的合成，这是核苷酸合成代谢的关键步骤。然后，PRPP 与其他原料经过多步复杂的酶促反应生成 IMP。IMP 由天冬氨酸提供氨基，脱去延胡索酸，生成 AMP。IMP 还可以氧化成黄嘌呤核苷酸（XMP），再由谷氨酰胺提供氨基生成 GMP。AMP 和 GMP 在激酶的催化下，经过两步磷酸化反应，分别生成 ATP 和 GTP。合成所需能量分别由 GTP 和 ATP 提供。

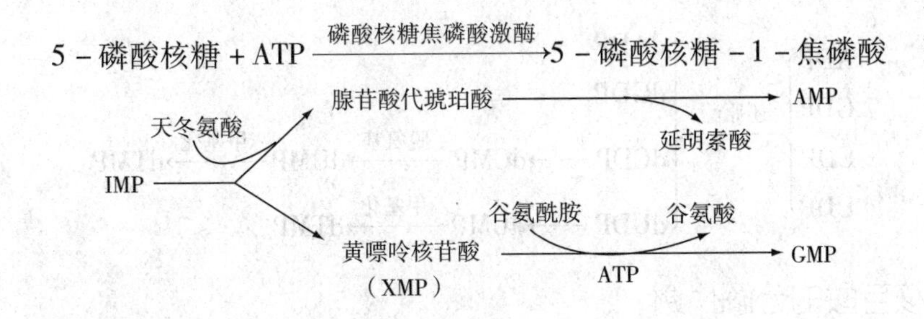

2. 补救合成途径（或重新利用途径）

细胞利用现有的嘌呤碱或嘌呤核苷，由 PRPP 提供磷酸核糖，经酶促反应重新合成嘌呤核苷酸的过程，称为补救合成途径。

$$\text{腺嘌呤}+\text{PRPP}\xrightarrow{\text{APRT}}\text{AMP}+\text{PPi}$$

$$\text{次黄嘌呤}+\text{PRPP}\xrightarrow{\text{HGPRT}}\text{IMP}+\text{PPi}$$

$$\text{鸟嘌呤}+\text{PRPP}\xrightarrow{\text{HGPRT}}\text{GMP}+\text{PPi}$$

注：APRT 为腺嘌呤磷酸核糖转移酶；HGPRT 为次黄嘌呤－鸟嘌呤磷酸核糖转移酶。

补救合成途径比较简单，消耗能量也少，可以节省从头合成时间和一些氨基酸的消耗。体内某些组织器官，如脑、骨髓等，由于缺乏从头合成嘌呤核苷酸的酶系，只能利用补救合成途径合成嘌呤核苷酸。

（二）嘧啶核苷酸的合成

体内嘧啶核苷酸的合成代谢也有两条途径。

1. 从头合成途径

嘧啶核苷酸主要在肝合成，合成的原料来自于谷氨酰胺、天冬氨酸、CO_2和 5－磷酸核糖。图 7－11 表示嘧啶环合成的元素来源。

嘧啶环的合成首先是谷氨酰胺与 CO_2 生成氨基甲酰磷酸，然后与天冬氨酸反应形成嘧啶环，再与 PRPP 合成尿苷酸（UMP），后者在激酶的催化下生成 UTP，UTP 可氨基化生成 CTP。

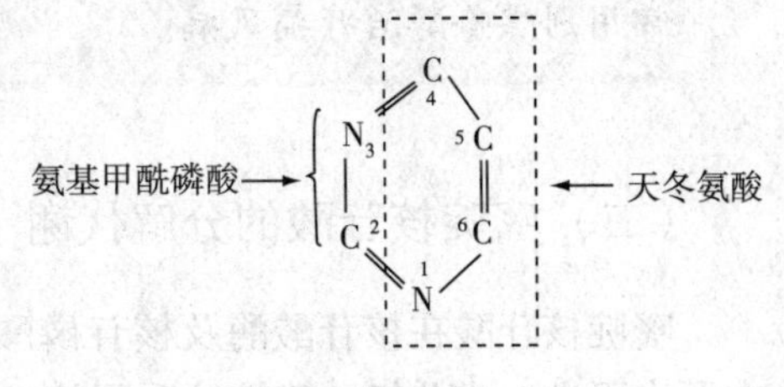

图 7－11　嘧啶环合成的元素来源

2. 补救合成途径

嘧啶碱、嘧啶核苷在酶的催化下生成嘧啶核苷酸。

（三）脱氧核糖核苷酸的合成

脱氧核苷酸是由核糖核苷酸在二磷酸核苷水平上还原生成，由核糖核苷酸还原酶催化。二磷酸脱氧核苷生成后，通过磷酸化和脱磷酸分别生成三磷酸脱氧核苷和一磷酸脱氧核苷。脱氧胸腺嘧啶核苷酸（dTMP）的生成方式不同，它是由 dUMP 甲基化形成的。dUMP 可由两条途径得到，一是 dUDP 水解生成，二是 dCMP 脱氨基生成。

ADP、GDP、CDP、UDP —还原酶→ dADP、dGDP、dCDP、dUDP

dCDP → dCMP —脱氨基→ dUMP —甲基化→ dTMP

dUDP → dUMP —甲基化→ dTMP

二、核苷酸的分解代谢

（一）嘌呤核苷酸的分解代谢

嘌呤核苷酸的分解代谢主要是在肝、小肠及肾脏中进行。

嘌呤核苷酸首先在核苷酸酶的催化下水解成核苷，核苷再通过核苷磷酸化酶催化生成嘌呤碱和1－磷酸核糖，嘌呤碱既可以参加核苷酸的补救合成，也可以进一步代谢，最终分解生成尿酸，随尿排出体外。1－磷酸核糖可分解为磷酸和戊糖，参与体内的其他代谢。腺嘌呤和鸟嘌呤都可以转变为黄嘌呤，最后也生成尿酸。尿酸呈酸性，水溶性差，常以尿酸盐的形式经肾排出。

AMP → → → 次黄嘌呤 —黄嘌呤氧化酶→ 黄嘌呤 —黄嘌呤氧化酶→ 尿酸

GMP → → → 鸟嘌呤 —鸟嘌呤酶→ 黄嘌呤

知识链接

痛风病

当进食高嘌呤物质、体内核酸大量分解或肾疾病而尿酸排泄障碍时，均可引起血中尿酸含量升高。痛风病患者血中尿酸含量升高，尿酸盐晶体沉积于关节、软组织、软骨及肾等处，导致关节炎、尿路结石及肾疾病。临床上常用别嘌呤醇治疗痛风病。

（二）嘧啶核苷酸的分解代谢

嘧啶核苷酸在核苷酸酶及核苷磷酸化酶的催化下，除去磷酸及核糖，产生嘧啶碱，在肝中再进一步分解。胞嘧啶和尿嘧啶分解的终产物都有 NH_3 和 CO_2。胞嘧啶分解还产生 β－丙氨酸，胸腺嘧啶分解产生 β－氨基异丁酸。与嘌呤碱分解产生的尿酸不同，嘧啶分解产物均易溶于水。食入 DNA 含量丰富的食物、经放射线治疗或化学治疗的癌症病人，尿中 β－氨基异丁酸排出增多。

同步训练

1. 蛋白质的营养价值取决于食物蛋白质所含________的种类和数量。
2. 氨基酸脱氨基的方式有________、________和________三种，其中以________

方式为主。

3. 急性肝炎时，血清中最早升高的酶是________。

4. 氨是神经毒物，在体内主要是通过________循环，合成________排出体外。

5. 嘌呤核苷酸分解代谢的终产物是________，在体内产生过多可导致________。

6. 临床上常用碱性肥皂液灌肠，但已经被诊断为患肝性脑病的患者能否用此方法灌肠？为什么？

第八章　肝脏生物化学

 知识要点

掌握肝脏在物质代谢中的作用、生物转化的概念；熟悉胆汁酸的代谢与功能、胆色素代谢过程；了解生物转化的反应类型、常用肝功能试验及临床意义。

肝脏是人体物质代谢的中枢，在物质的合成、分解、加工、储存、释放、转运以及物质代谢的调控中发挥着重要的作用。肝脏之所以具有如此复杂的功能，是因为它在形态结构和化学组成上具有如下特点：①肝脏具有双重的血液供应途径：肝动脉和门静脉。肝动脉为肝细胞输入氧气；门静脉收集了肠道吸收的大量的营养物质。②肝脏具有双重的输出通道：肝静脉和胆道。肝静脉与体循环相通，将肝内的代谢产物运输到肾由尿排出体外；胆道系统与肠道相连，使肝内的代谢产物随胆汁分泌入肠经粪便排出。③肝具有丰富的血窦：血流速度缓慢，肝细胞和血窦接触面积大且时间长，有利于物质交换。④肝含有丰富的酶类和大量的细胞器：已知肝中的酶类有数百种，有许多酶是肝脏所特有的，临床上常通过测定血清中这些酶的活性了解肝脏功能；肝细胞含丰富的线粒体、内质网、溶酶体和过氧化酶体等细胞器，是肝脏具有重要代谢功能的基础。

第一节　肝在物质代谢中的作用

一、肝脏在糖代谢中的作用

肝脏在糖代谢中的主要作用是通过肝糖原的合成与分解及糖异生作用来调节血糖浓度使其相对恒定，确保全身各组织，尤其是大脑和红细胞的能量供应。当肝功能严重受损时，肝调节血糖的能力降低，空腹或饥饿时易出现低血糖，而进食后又易出现一时性高血糖。

1. 糖原合成

当血糖浓度升高时，如饱食或输入葡萄糖后，肝脏利用葡萄糖合成肝糖原，使血糖浓度降低；若血糖浓度仍然较高，肝脏还可利用葡萄糖合成脂肪。

2. 糖原分解

空腹时，血液中的葡萄糖不断地被全身各组织细胞摄取利用而使血糖浓度降低，此

时，肝糖原迅速分解生成葡萄糖，防止血糖过低。

3. 糖异生作用

肝糖原维持血糖时间不超过 12 小时，当饥饿或因病禁食时，肝糖原几乎被耗尽，此时，肝脏将甘油、乳酸及一些生糖氨基酸等非糖物质转变为葡萄糖，即糖异生作用，避免血糖浓度下降。

二、肝脏在脂类代谢中的作用

肝脏在脂类的消化、吸收、运输、合成与分解等代谢过程中均起重要的作用。

1. 脂类的消化与吸收

肝细胞以胆固醇为原料合成胆汁酸，随胆汁排入肠道，乳化脂肪，激活胰脂肪酶，促进脂类物质的消化吸收，同时协助脂溶性维生素的吸收。肝胆疾病的患者，由于胆汁酸盐分泌减少，脂肪消化吸收障碍，病人常出现厌油腻、脂肪泻和脂溶性维生素缺乏症等。

2. 脂类的运输

血浆中不溶于水的脂类以亲水的血浆脂蛋白形式运输。其中极低密度脂蛋白、高密度脂蛋白直接在肝脏合成。

3. 脂肪的代谢

肝脏既是脂肪酸氧化分解产能的主要部位，又是酮体生成的唯一器官。肝脏是合成脂肪酸、脂肪的主要场所，并能将脂肪以极低密度脂蛋白的形式运至肝外。

4. 磷脂的代谢

肝脏合成磷脂非常活跃，而磷脂参与脂蛋白的合成。若磷脂合成障碍，就会影响极低密度脂蛋白的合成，导致肝内合成的脂肪运出肝外受限而在肝内堆积，形成脂肪肝。

5. 胆固醇的代谢

肝脏在调节机体胆固醇平衡上起着重要作用。体内的胆固醇 80% 以上由肝脏合成，并可转化成胆固醇酯。当肝细胞病变时，胆固醇和胆固醇酯的含量都减少，且后者的减少出现得更早、更明显，所以，血清胆固醇酯降低的幅度常作为临床上判断肝功能损伤程度的指标之一。

三、肝脏在蛋白质代谢中的作用

肝脏在蛋白质的合成和分解代谢中均起重要作用。

1. 蛋白质的合成

肝脏除了合成自身结构蛋白质外，还可以合成多种蛋白质释放到血浆中，称为血浆蛋白。其中清蛋白含量多且分子量小，是维持血浆胶体渗透压的重要因素。若清蛋白含量 <30g/L 时，则血浆胶体渗透压降低，这是肝病患者发生水肿的主要机制。肝病患者也会由于凝血酶原和纤维蛋白原合成减少，而易发生出血及凝血时间延长等现象。临床上把检测血清总蛋白、清蛋白与球蛋白比值作为诊断肝病的重要辅助指标。

2. 氨基酸代谢

肝脏是体内氨基酸分解和转变的重要场所。氨基酸的转氨基、脱氨基、脱羧基等反应都主要在肝脏进行。肝细胞中含有丰富的参与氨基酸代谢的酶类，如转氨酶、脱羧酶等。其中丙氨酸氨基转移酶（ALT）在肝细胞活性最高，当肝细胞受损时，细胞内的酶会进入血浆，引起血中 ALT 的活性异常升高。临床上可通过测定血清 ALT 的活性来诊断肝病的程度。

3. 尿素的合成

肝脏是哺乳动物合成尿素的器官。肝脏通过鸟氨酸循环合成尿素，这是体内解除氨毒性的主要方式。当肝功能严重受损时，合成尿素的能力下降，血氨增高导致高血氨，大量氨进入脑组织干扰脑的正常代谢，严重时可引起肝昏迷。

四、肝脏在维生素代谢中的作用

肝脏在维生素的吸收、储存、运输和转化等代谢中均起着主要作用。

1. 维生素的吸收与储存

肝细胞分泌的胆汁能促进脂溶性维生素的吸收，同时肝也是维生素 A、E、K 及 B_{12} 的主要贮存器官，其中维生素 A 尤为丰富。所以，慢性肝胆疾病可出现脂溶性维生素消化吸收不良，引起某些维生素的缺乏。

2. 维生素的转化与利用

（1）肝脏可将胡萝卜素转变为维生素 A。

（2）肝脏可使维生素 D_3 羟化生成 $25-OH-D_3$，为肾的进一步活化奠定基础。

（3）维生素 K 参与肝细胞中凝血因子Ⅶ、Ⅸ、Ⅹ等的合成。

（4）肝脏利用某些维生素合成辅酶，如用维生素 B_1 合成 TPP，将维生素 B_2 转化为 FMN 和 FAD，用维生素 PP 合成 NAD^+ 和 $NADP^+$ 等。

五、肝脏在激素代谢中的作用

激素在体内发挥调节作用后，经过代谢转变，使其活性降低或失去活性的过程称为激素的灭活作用。肝脏是激素灭活的重要器官，在肝脏灭活的激素主要有肾上腺皮质激素、性激素、胰岛素、甲状腺激素、抗利尿激素等。

肝病患者对激素的灭活作用减弱，可出现血中激素水平增高。如雌激素水平升高，男性患者会出现女性化的表现，同时由于雌激素可导致局部小动脉扩张，患者会出现蜘蛛痣或肝掌。

第二节 胆汁酸代谢

肝脏除了在物质代谢中发挥重要作用外，还具有分泌和排泄功能。

一、胆汁

胆汁是由肝细胞分泌的一种液体，储存于胆囊，排泄至肠道，具有促进脂肪的消化吸收的功能。正常成人平均每天分泌胆汁 300～700ml。肝细胞初分泌的胆汁称为肝胆汁，是金黄色透明液体，经过胆囊浓缩后成暗褐色或棕绿色，称为胆囊胆汁。胆汁的主要特征性成分是胆汁酸、胆色素和胆固醇等，其中胆汁酸约占固体成分的50%。进入人体的药物、毒物和重金属盐等经肝脏生物转化后也可随胆汁排出体外。

二、胆汁酸代谢与功能

（一）胆汁酸的分类

胆汁酸按其来源可分为初级胆汁酸和次级胆汁酸，每类中又有游离型和结合型之分（图8－1）。人胆汁中的胆汁酸以结合型为主。

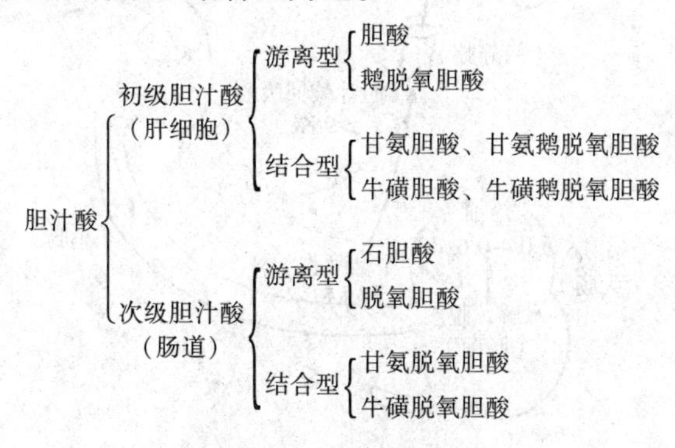

图8－1　胆汁酸的分类

（二）胆汁酸的生成

1. 初级胆汁酸的生成

肝细胞以胆固醇为原料合成初级胆汁酸。胆固醇在7α－羟化酶的催化下，经过多步反应生成初级游离胆汁酸，即胆酸和鹅脱氧胆酸。它们可分别与甘氨酸或牛磺酸结合生成初级结合胆汁酸，即甘氨胆酸、甘氨鹅脱氧胆酸、牛磺胆酸和牛磺鹅脱氧胆酸。结合胆汁酸是主要存在形式。甲状腺素可诱导胆固醇7α－羟化酶的合成，故甲状腺功能低下的病人血浆胆固醇含量增高。

2. 次级胆汁酸的生成

进入肠道的初级胆汁酸，协助脂类物质消化吸收后，在肠道细菌作用下，水解脱去甘氨酸或牛磺酸，释放出游离型初级胆汁酸，再经7α－脱羟反应，生成次级胆汁酸，即脱氧胆酸和石胆酸，它们可与甘氨酸和牛磺酸结合生成次级结合胆汁酸。

（三）胆汁酸的肠肝循环

排入肠道的胆汁酸95%被肠壁重新吸收。由肠道重吸收的胆汁酸，经门静脉入肝，被肝细胞摄取后再分泌入胆汁，胆汁酸盐在肝和肠之间的这种不断循环过程称为胆汁酸的肠肝循环（图8－2）。成人胆汁酸代谢池约3～5g，而每日需16～32g胆汁酸乳化脂类，远不能满足肠道对脂类消化吸收的需要，因此，机体每日通过6～12次的肠肝循环，使有限的胆汁酸反复利用，弥补了肝细胞生成胆汁酸能力的不足，以保证脂类的消化吸收。

临床上常用的降低胆固醇药物，如消胆胺，它的作用原理就是通过在肠道和胆汁酸结合，阻止了肠道对胆汁酸的重吸收，使肝脏内更多的胆固醇转变为胆汁酸由肠道排出体外，从而降低血液中的胆固醇。

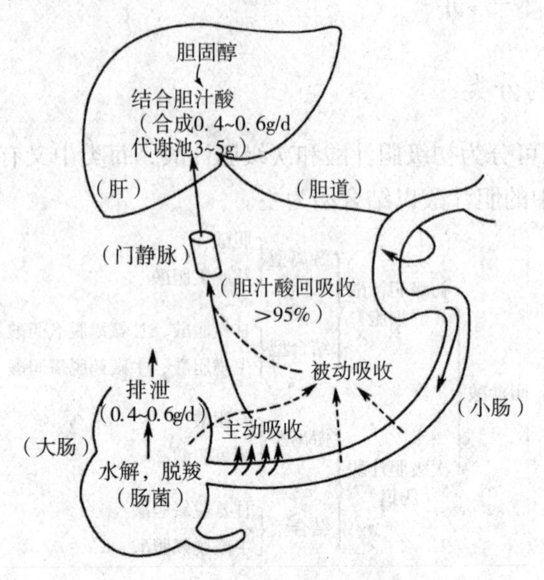

图 8－2　胆汁酸的肠肝循环

（四）胆汁酸的功能

1. 促进脂类的消化吸收

胆汁酸分子具有亲水和疏水两个侧面，能降低油/水两相之间的表面张力，故胆汁酸是较强的乳化剂，能将脂类乳化成溶于水的胆盐微团，更有利于消化酶对脂肪的催化作用，从而利于其吸收。

2. 抑制胆固醇结石的形成

胆固醇难溶于水，必须与胆汁酸盐和卵磷脂结合形成可溶性微团，才结晶不易沉淀，利于随胆汁排出体外。若排入胆汁中的胆固醇过多、肝脏合成胆汁酸的能力下降或消化道丢失胆汁酸过多，均可降低胆固醇的溶解度，使胆汁中的胆固醇析出，形成胆结石。

第三节　肝的生物转化作用

一、生物转化作用的概念及意义

人体内常存在一些既不能构成组织细胞的结构成分，又不能氧化供能，还有一些对人体有一定的生理作用或毒性作用的物质，这些物质称为非营养物质。非营养物质分为内源性和外源性两类，内源性非营养物质有体内产生的激素、神经递质等生理活性物质及氨、胆红素等有毒物质，外源性非营养物质包括食品添加剂、色素、药物等。机体将这些物质进行各种代谢转变，排出体外的过程称为生物转化。肝脏是机体生物转化的主要器官。

肝脏的生物转化作用具有重要的生理意义，它具有使体内的非营养物质的生物活性降低或消失的灭活作用，或使某些有毒物质的毒性降低或减弱的解毒作用，更重要的是可以将这些物质的溶解性增高，变为易于从胆汁或尿液中排出体外的物质。

二、生物转化的反应类型

生物转化作用有两相反应：氧化、还原、水解反应为第一相反应；结合反应为第二相反应。

（一）第一相反应

1. 氧化反应

氧化反应是最常见的生物转化反应。催化氧化反应的酶类有加单氧酶系、胺氧化酶系及脱氢酶系等。其中以加单氧酶催化的氧化反应最为主要。催化反应如下：

$$\underset{\text{底物}}{RH} + NADPH + H^+ + O_2 \xrightarrow{\text{加单氧酶系}} \underset{\text{产物}}{ROH} + H_2O + NADP^+$$

知识链接

乙醇的生物转化和酒精肝

酒精肝是由于长期大量饮酒所致的肝损伤性疾病，也是形成肝硬化的主要病因。进入体内的乙醇90%～98%是在肝脏进行处理的。醇脱氢酶可将乙醇氧化为乙醛，后者进一步氧化为乙酸，最后分解为二氧化碳和水排出体外。一次大量饮酒或长期持续酗酒，大量的乙醇和在肝内代谢过程中产生的乙醛都会对肝细胞有直接毒理作用，导致肝细胞的损害。同时由于肝脏在氧化乙醇时消耗NADPH和氧，造成肝内能量耗竭，加大对肝的损伤。

2. 还原反应

肝细胞微粒体中的还原酶主要是硝基还原酶和偶氮还原酶，可催化硝基化合物和偶氮化合物还原生成胺类。例如氯霉素被还原而失效。

3. 水解反应

肝细胞液及微粒体中含有多种水解酶，分别催化脂类、酰胺类及糖苷类等化合物水解，以降低或消除这些物质的活性。如局部麻醉药普鲁卡因进入体内很快被酯酶水解而失去药理作用。

（二）第二相反应

有些物质通过第一相反应水溶性增加而排出体外，但有些物质极性仍然很弱，不易排出。

第二相反应又称结合反应，是指非营养物质与某些极性较强的内源性小分子物质结合，从而增加水溶性或改变其生物活性，最终排出体外的过程，是体内重要的生物转化方式。

结合反应中最常见的是葡萄糖醛酸结合反应。凡含有醇、酚、胺及羧基等极性基团的化合物，在肝脏 UDP－葡萄糖醛酸转移酶的催化下均可与葡萄糖醛酸结合，生成葡萄糖醛酸苷衍生物。如吗啡、胆红素、甲状腺激素和苯巴比妥类药物等均可在肝脏与葡萄糖醛酸结合而进行生物转化。尿苷二磷酸葡萄糖醛酸（UDPGA）是葡萄糖醛酸的活性供体。

此外还有硫酸、甲基、谷胱甘肽、乙酰基、甘氨酸等结合反应，使许多非营养物质转化、排泄。

三、生物转化的反应特点

1. 生物转化反应的连续性

有些非营养物质经过一步反应就可顺利排出，但大多数非营养物质需要连续进行数种反应才能排出体外。一般先进行氧化、还原、水解反应，再进行结合反应。如药物乙酰水杨酸（阿司匹林）进入体内，先水解为水杨酸，再氧化为羟基水杨酸，最后与葡萄糖醛酸结合形成葡萄糖醛酸苷随尿排出。

2. 反应类型的多样性

许多物质的生物转化不仅经历不同类型的转化反应，同一种物质往往还具有不同的转化途径和产物。如雌酮除了能与 PAPS（活性硫酸供体）结合，还能与葡萄糖醛酸结合，形成硫酸酯而进行灭活。

3. 解毒与致毒的两重性

体内大多数非营养物质经过生物转化后，活性减弱，毒性消失；而有少数物质通过代谢后反而活性增强，出现毒性或致癌作用。如苯并芘自身没有致癌作用，但经过生物转化后反而成为致癌物。有些药物如水合氯醛则需要经肝的生物转化后才能成为有活性的药物。当肝功能受损时，生物转化作用减弱，会出现解毒功能减弱、药物蓄积、激素水平失衡等。

第四节　胆色素代谢

胆色素是体内含铁卟啉化合物的主要分解代谢产物，包括胆绿素、胆红素、胆素原和胆素等。这些物质主要随胆汁排出体外，其中胆红素是胆汁中的主要色素，肝是胆红素代谢的主要器官。

一、胆红素代谢过程

1. 胆红素的生成

机体约 80% 的胆红素来自衰老红细胞破坏所释放的血红蛋白。人类红细胞的平均寿命是 120 天，衰老的红细胞被肝、脾、骨髓的单核－巨噬细胞系统识别并吞噬，释放出血红蛋白，血红蛋白分解为珠蛋白和血红素。血红素在血红素加氧酶的催化下，释放出 CO 和 Fe^{3+}，生成胆绿素，胆绿素再经还原酶作用转变为胆红素。

红细胞 ⟶ 血红蛋白 ⟶ 血红素 $\xrightarrow{\text{血红素加氧酶}}$ 胆绿素 $\xrightarrow{\text{胆绿素还原酶}}$ 胆红素
（血红蛋白 → 珠蛋白；血红素 → Fe^{3+} + CO；$NADPH^{+}H^{+}$ → NAD^{+}）

2. 胆红素的运输

胆红素是难溶于水的脂溶性物质，不能单独在血液中运输，进入血液后与血浆清蛋白结合，生成胆红素－清蛋白复合物而运输。这种结合既增加了胆红素在血浆中的溶解度便于运输，又限制了胆红素进入细胞产生毒性作用。胆红素与清蛋白结合，分子量变大，不能经肾脏滤过随尿排出，故正常人尿中不会出现胆红素－清蛋白复合物。新生儿由于对胆红素的生物转化能力不健全，血脑屏障发育不完善，血中游离胆红素的量过多时，极易进入大脑，干扰脑的代谢引起核黄疸。

3. 胆红素在肝中的转化

肝细胞对胆红素有极强的亲和力。当胆红素随血液流经肝脏时，可迅速被肝细胞内存在的 Y 蛋白和 Z 蛋白摄取而进入肝细胞内。在肝细胞内，大部分胆红素与葡萄糖醛酸结合生成葡萄糖醛酸胆红素，即结合胆红素，又称直接胆红素。而血液中的胆红素－清蛋白复合体因未经肝细胞的结合转化，故称未结合胆红素，又称间接胆红素。

4. 胆红素在肠中的转变及胆素原的肠肝循环

结合胆红素随胆汁排入肠道后，在肠道细菌的作用下，脱去葡萄糖醛酸还原为无色的胆素原，在肠道下段被空气氧化成黄褐色的粪胆素，是粪便的颜色来源。当胆道阻塞时，结合胆红素入肠受阻，不能生成胆素原和胆素，故粪便呈灰白色。

通过上述代谢过程 80% ~90% 胆素原排出体外，还有 10% ~20% 的胆素原可被肠黏膜细胞重新吸收，经门静脉入肝。入肝后的胆素原大部分又随胆汁进入肠道，形成“胆素原的肠肝循环”。小部分胆素原进入体循环，被运输到肾脏随尿排出，接触空气后被氧化为尿胆素，成为尿液的主要色素。胆红素正常代谢过程如图 8－3。

二、黄疸的类型及特征

根据黄疸产生的原因和部位不同，将其分为三种类型。

1. 溶血性黄疸

由于溶血的原因，单核－巨噬细胞系统生成的胆红素过多，超过肝脏的摄取、结合与排泄能力，血中未结合胆红素显著升高，但不能由肾小球滤过而排泄，故尿中无胆红素。肝脏最大限度地处理和排泄胆红素，因此粪便和尿液中的胆素原增多，颜色加深。

2. 肝细胞性黄疸

由于肝细胞被破坏，其摄取、转化和排泄胆红素的能力都降低。血中两种胆红素均增高。一方面正常生成量的胆红素不能全部被肝细胞摄取和转化，使血中未结合胆红素升高；另一方面肝脏分泌胆红素入胆汁的能力下降，肝细胞的损伤可使肝中的结合胆红素反流入血，故结合胆红素亦升高。肝细胞性黄疸病人尿胆红素阳性。

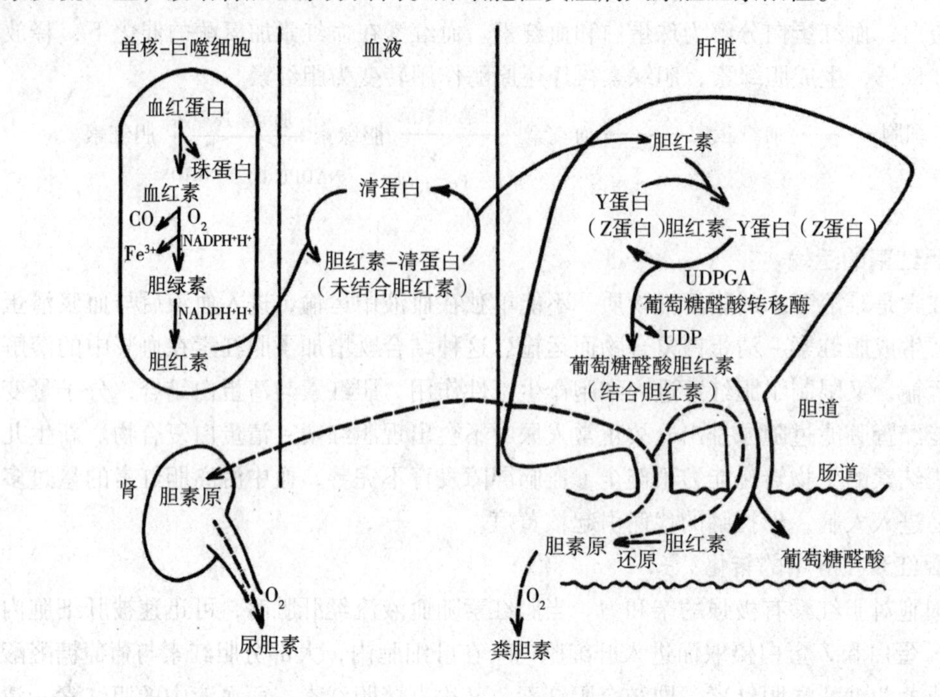

图 8-3　胆红素正常代谢示意图

3. 阻塞性黄疸

胆管炎、肝肿瘤、胆结石等引起的胆道阻塞，使胆红素排泄障碍，胆汁中的结合胆红素反流入血，血中结合胆红素明显增高，未结合胆红素变化不大。结合胆红素可通过肾小球滤过，因而尿中胆红素阳性。结合胆红素不易或不能排入肠道，肠中胆素原生成减少或缺乏，粪便颜色变浅或呈灰白色，尿色变浅。

三种类型黄疸的血、尿、粪的改变见表 8-2。

表 8-2　三种类型黄疸血、尿、粪的改变

指标	正常	溶血性黄疸	肝细胞性黄疸	阻塞性黄疸
血清胆红素总量	3.4～17.1μmol/L	>17.1μmol/L	>17.1μmol/L	>17.1μmol/L
结合胆红素	极少	不变或微增	↑	↑↑
未结合胆红素	0～12μmol/L	↑↑	↑	不变或微增
尿胆红素	–	–	++	++
尿胆素原	少量	↑	不一定	↓
尿胆素	少量	↑	不一定	↓
粪便颜色	棕黄色	加深	变浅或正常	变浅或陶土色

第五节　常用肝功能试验及临床意义

临床上常通过一些肝功能试验来了解肝脏的状况，这些试验是根据肝脏复杂而多样的物质代谢功能异常时体液生化物质含量发生改变而设计的器官功能性试验。肝功能试验将有助于肝脏疾病的诊断、病程监测及预后判断。

一、肝功能试验的分类

根据病理过程，结合肝脏的功能，可将肝功能试验分为以下几类：

1. 反映肝细胞结构的酶类试验

肝细胞内有丰富的酶系，且有些酶为肝细胞所独有或其他细胞含量极少。当肝脏受损，细胞膜通透性增高或被破坏，肝细胞内的酶类大量释放入血，导致血液中含量明显升高。如急性肝炎患者血清中 ALT 活性显著升高，测定血清中的 ALT 可作为肝脏疾病诊断和预后的参考指标之一。

2. 反映肝细胞坏死的酶类试验

肝细胞线粒体中存在线粒体天冬氨酸氨基转移酶（m－AST），它可随着线粒体的崩解而释放入血，m－AST 的检测可反映肝细胞线粒体的损害情况，有助于判断急性肝炎肝病变的严重程度和预后。

3. 指示肝细胞蛋白质合成障碍的试验

肝脏除了合成本身所需要的结构蛋白外，还可以合成血浆蛋白，包括全部的清蛋白、部分球蛋白、凝血因子和纤维蛋白原等。当肝脏受损时，蛋白质合成功能障碍，这些物质的合成减少，进而导致血清中其浓度低下。

4. 反映肝内或肝外胆管阻塞的试验

肝脏合成的生化物质有相当部分经胆管系统排入肠腔。当肝胆系统因肿瘤、结石或其他原因引起胆管阻塞时，导致肝脏排泄功能障碍，使这些经胆道排泄的物质反流入血，而使血清中这些物质含量升高。如碱性磷酸酶（ALP）、谷氨酰基转肽酶（GGT）、亮氨酸氨基肽酶、铜蓝蛋白等都与肝脏的排泄功能有关。

5. 指示肝结缔组织增生的试验

肝结缔组织增生时，血清单胺氧化酶（MAO）、β－脯氨酸羟化酶（β－PH）活性增强，血清Ⅲ型前胶原肽（PⅢP）浓度增高，检测这些物质有助于早期肝硬化的诊断。

6. 某些病因诊断的特殊试验

通过检测总胆红素、结合胆红素、尿胆素原和尿胆红素来鉴别黄疸类型；甲胎蛋白（AFP）是诊断原发性肝癌的重要指标。

知识链接

甲胎蛋白

甲胎蛋白（AFP）是胎儿发育早期由胎儿肝细胞、卵黄囊等合成的糖蛋白，是胎儿血清中的主要蛋白质。胎儿13周时AFP占血浆蛋白总量的1/3。妊娠30周达最高峰，以后逐渐下降，在婴儿周岁时接近成人水平（低于30μg/L）。当肝细胞发生癌变时，机体又恢复了产生这种蛋白质的功能，而且随着病情恶化它在血清中的含量会急剧增加，因此，甲胎蛋白的含量作为诊断原发性肝癌的特异性肿瘤标志物，具有确立诊断、早期诊断、鉴别诊断的作用。

二、临床上常用的肝功能检查项目及其诊断意义

1. 丙氨酸氨基转移酶（ALT）

ALT在体内广泛存在，但在肝脏活性最高。参考范围为5～40U/L。

临床意义：传染性肝炎、中毒性肝炎、脂肪肝、肝癌等疾病可引起肝细胞膜的通透性增加，ALT大量释放入血，使血清中该酶活性显著增高。ALT反映肝细胞损害程度。

但ALT特异性低，很多原因也能造成血清ALT活性增高，如一些药物和毒物（如氯丙嗪、异烟肼、利福平等）以及骨骼肌疾病等，都能使血清ALT活性增高。

2. 总蛋白（TP）、清蛋白（A）、球蛋白（G）

总蛋白（TP）参考范围为60～80g/L，清蛋白（A）为40～55g/L，球蛋白（G）为20～30g/L，清蛋白（A）/球蛋白（G）为1.5∶1～2.5∶1。

临床意义：清蛋白主要在肝脏中合成，肝硬化、慢性活动性肝炎时，蛋白质合成减少，以清蛋白降低最为显著，而球蛋白增加，使A/G比值减少甚至倒置。

3. 碱性磷酸酶（ALP）

ALP广泛存在于各器官组织中，尤以肝脏和骨骼含量较高。参考范围为40～160U/L。

临床意义：血清ALP活性病理性增高常见于：

（1）肝胆疾病：如阻塞性黄疸、急性或慢性黄疸型肝炎、肝癌等，肝细胞合成过多的ALP进入血液，由于肝内胆道胆汁排泄障碍，反流入血而使血清ALP明显升高。

（2）骨骼疾病：如骨软化症、佝偻病、骨折修复愈合期、纤维性骨炎、成骨不全症和骨细胞癌等。

血清ALP活性生理性增高见于妊娠期与儿童生长发育期。

4. γ-谷氨酰基转移酶（GGT）

GGT在各器官含量不同，其中肾脏最高，其次是前列腺、胰、肝脏等。肾脏中GGT含量虽高，但肾脏病变时，GGT经尿排出，所以血液中该酶活性增高并不明显。血清中GGT的参考范围为男性11～50U/L，女性为7～32 U/L。

临床意义：血清中GGT的测定主要用于诊断肝胆疾病。酒精性肝炎、酒精性肝硬

化、阻塞性黄疸、病毒性肝炎和肝硬化及原发性或转移性肝癌时，血清中 GGT 可显著增高。

5. 胆红素

血清胆红素包括与清蛋白结合而运输的未结合胆红素（又称间接胆红素）和与葡萄糖醛酸结合的结合胆红素（又称直接胆红素）。

参考范围：总胆红素为 3.4 ~ 17.1μmol/L，结合胆红素为 0 ~ 6μmol/L，结合胆红素/总胆红素为 20% ~35% 。

临床意义：血清总胆红素测定可用于黄疸的诊断及判断黄疸程度。血清胆红素在 17.1 ~34.2μmol /L 时，为隐性黄疸；血清胆红素超过 34.2μmol /L 时，为显性黄疸。

测定血清结合胆红素与总胆红素，根据其百分比可鉴别黄疸类型。

（1）溶血性黄疸：血清总胆红素升高，其中主要是未结合胆红素升高，结合胆红素只占总胆红素 20% 以下。

（2）肝细胞性黄疸：结合胆红素可占总胆红素 35% 以上。

（3）阻塞性黄疸：主要是结合胆红素升高，占总胆红素的 50% 以上。

血清胆红素的降低见于再生障碍性贫血、癌症或慢性肾炎所致的继发性贫血。

同步训练

1. 机体将________进行各种代谢转变，排出体外的过程称为生物转化。
2. 胆汁酸是肝细胞以________为原料合成的，其主要功能是________、________。
3. 胆色素以________形式在血中运输。
4. 临床上黄疸分为________、________、________三种类型。
5. 肝脏在胆红素代谢中有何作用?
6. 简述肝脏在物质代谢中的作用。
7. 举例说明临床上常用的肝功能检查项目及其诊断意义。

第九章 水盐代谢

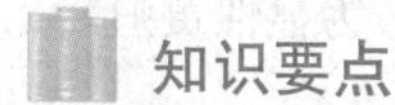

知识要点

掌握水的生理功能、无机盐的生理功能；熟悉体液的分布与含量、水的摄入与排出、无机盐；了解水与电解质平衡的调节及微量元素的代谢。

机体的各种正常代谢反应及生理活动都是在体内液态环境中进行的。人体内存在的液体称为体液，体液中含有多种无机物和有机物，无机物和部分以离子形式存在的有机物统称为电解质，葡萄糖、尿素等不能解离的物质称为非电解质。水是体内含量最多的物质，在构成组织细胞的特殊形态及物质代谢等方面具有重要意义。无机盐约占体重的4% ~5%，对组织细胞的结构、功能及代谢调节发挥着重要的作用。

第一节 体 液

一、体液的分布与组成

1. 体液的分布与含量

以细胞膜为界，体液可分为细胞内液和细胞外液。细胞外液包括血浆和细胞间液（也称组织液）。正常情况下，各部分体液间的水与电解质处于动态平衡状态。正常成年人体液总量约为体重的60%，细胞内液约占体重的40%，细胞外液占体重的20%。其中血浆约占体重的5%，细胞间液约占体重的15%。

体液总量受年龄、性别和胖瘦等因素影响。年龄越小体液占体重的百分比越大；成年男性体液量多于同体重女性；肥胖者比同体重均衡体型者体液总量低。

2. 体液的电解质成分

细胞内液和细胞外液电解质成分有很大差异。细胞外液的组织间液和血浆的电解质在构成和数量上大致相等，在功能上可以认为是一个体系。细胞外液的阳离子主要是 Na^+，其次是 K^+、Ca^{2+}、Mg^{2+} 等，阴离子主要是 Cl^-、HCO_3^-、HPO_4^{2-}、SO_4^{2-} 及有机酸和蛋白质等。细胞内液的主要阳离子是 K^+，其次是 Na^+、Ca^{2+}、Mg^{2+}，主要阴离子是 HPO_4^{2-} 和蛋白质，其次是 HCO_3^-、Cl^-、SO_4^{2-} 等。Na^+ 和 K^+ 在细胞内外液中的含量差距很大，但各部分体液中所含的阴阳离子总数是相等的，并保持电中性。如果以总渗透压计算，细胞内外液也是基本相等的。

电解质含量和分布的特点与体液的酸碱平衡、电荷平衡、渗透压平衡以及物质交换等密切相关。体液中主要的电解质含量见表9－1。

表9－1 体液中主要电解质的含量

电解质	血浆（mmol/L）	细胞间液（mmol/L）	细胞内液（mmol/L）
正离子			
Na^+	142	147	15
K^+	5	4	150
Ca^{2+}	5	2.5	2
Mg^{2+}	2	2	27
合计	154	155.5	194
负离子			
Cl^-	103	114	1
HCO_3^-	27	30	10
HPO_4^{2-}	2	2	100
SO_4^{2-}	1	1	20
蛋白质	16	1	63
有机酸	5	7.5	-
合计	154	155.5	194

3. 电解质的生理功能

机体的无机电解质主要功能如下：

（1）维持体液的渗透压平衡和酸碱平衡。

（2）维持神经、肌肉、心肌细胞的静息电位，并参与其动作电位的形成。

（3）参与新陈代谢和生理功能活动。

二、体液的渗透压

体液内起渗透作用的溶质主要是电解质。血浆和组织液的渗透压90%～95%来源于单价离子Na^+、Cl^-和HCO_3^-，剩余的5%～10%由其他离子、葡萄糖、氨基酸、尿素以及蛋白质等构成。血浆蛋白质所产生的渗透压极小，仅占血浆总渗透压的1/200，与血浆晶体渗透压相比微不足道，但由于其不能自由通透毛细血管壁，因此对于维持血管内外液体的交换和血容量具有十分重要的作用。通常血浆渗透压在280～310mmol/L之间，在此范围里称等渗，低于此范围的称低渗，高于此范围的称高渗。

第二节 水平衡

一、水的生理功能

1. 促进物质代谢

水既为一切生化反应提供场所，又是良好的溶剂，能使物质溶解，加速化学反应，有利于营养物质的消化、吸收、运输和代谢废物的排出。水本身也参与水解、水化、加水、脱氧等重要反应。

2. 调节体温

水可以调节体温和维持产热与散热的平衡。水的比热大，能吸收物质代谢过程中产生的大量热能而使体温不至于升高。水的蒸发热大，1g 水在 37℃ 完全蒸发需要吸收 2406J 热量，所以蒸发少量的汗液就能散发大量的热量。水的流动性大，能随血液迅速分布全身，而且三部分体液中水的交换非常迅速，使得物质代谢中产生的热量能够在体内迅速均匀分布。

3. 润滑作用

泪液可以防止眼球干燥而有利于眼球转动，唾液可保持口腔和咽部湿润而有利于吞咽，关节囊的滑液有利于关节转动，胸膜和腹膜腔的浆液可减少组织间的摩擦等，都是水的润滑作用。

4. 结合水的作用

体内还有部分水与蛋白质、黏多糖和磷脂等结合，称为结合水。其功能之一是保证各种肌肉具有独特的机械功能。例如，心肌中大部分的水以结合水的形式存在，并无流动性，这就是使心肌成为坚实有力的舒缩性组织的条件之一。

二、水的平衡

正常成人每日摄入的水约 2500ml，摄入途径有三方面：一是饮水，成人每天约饮水约 1200ml，饮水量随体内需要、温度环境的改变而变化；二是食物中含的水，每天随食物摄入的水约 1000ml；三是代谢内生水，即由营养物质氧化分解生成的水，每天约 300ml。

水的排出途径有四方面：一是肾脏排出，尿液是机体排除水分的主要途径，每天约为 1500ml；二是肺呼出，每天由肺部呼出的水分约 400ml；三是皮肤蒸发，每天以非显性汗形式排出水分约 500ml；四是粪便排出，约 100ml。

水平衡是由每天水的摄入与排出维持动态平衡来实现的，婴幼儿因身体生长需要，每日水的摄入量略大于排出量。下丘脑是水的摄入与排出调节中枢，通过口渴与抗利尿激素的分泌来进行调控。

第三节 钠、钾、氯代谢

一、钠、氯代谢及平衡

1. 钠、氯代谢

Na^+是细胞外液中的主要阳离子，对维持细胞外液容量、渗透压、酸碱平衡及细胞功能起着至关重要的作用。正常成人体内钠含量约为1g/kg体重。体内的钠约50%分布于细胞外液，40%存于骨骼，10%存在于细胞内。机体通过膳食及食盐形式摄入氯和钠，一般摄入钠量大于其需要量，所以通常人体不会缺钠和缺氯。Na^+、Cl^-主要从肾排出，肾排钠量与食入量保持平衡。肾对保持体内钠含量有很重要的作用。当无钠摄入时，肾排钠减少甚至不排钠，其特点是“多吃多排，少吃少排，不吃不排”，以维持体内钠的平衡。

2. 钠、氯与体液平衡

当机体摄入水过多或排出减少，使体液中水增多及组织器官水肿，称为水肿或水中毒。人体体液丢失造成细胞外液减少，则称为脱水。根据失水和失钠的比例不同，可将脱水分为高渗性脱水、等渗性脱水和低渗性脱水三种类型。高渗性脱水指水的丢失比例大于钠的丢失，造成细胞外液中Na^+浓度升高，这种情况常发生在大量出汗失水过多之后；等渗性脱水指水与钠等比例丢失，需及时补充等渗性盐水加以缓解；低渗性脱水指钠的丢失比例大于水的丢失，造成细胞外液中Na^+浓度降低，这种情况常由剧烈呕吐、腹泻造成大量消化液丢失所致，服用某些排钠利尿剂时亦可发生，此时需要补充适当的氯化钠溶液。

二、钾代谢

K^+是细胞内液的主要阳离子，健康成年人钾含量约为50～55 mmol/kg体重。钾约98%存在于细胞内，细胞外液仅占2%左右。血清钾浓度为3.5～5.5mmol/L。

钾在动植物食品中含量丰富，人体钾的来源全靠从食物中获得，健康人每日摄入的钾足够生理需要，钾的吸收很完全，只有约10mmol从粪便中排出。正常人排钾的主要途径是尿液，肾对钾的排出特点是“多入多出，少入少出，不入也出”，所以，禁食的病人应注意补钾。

第四节 钙、磷、镁的代谢

一、钙、磷代谢

（一）钙、磷含量与分布

钙和磷是体内含量最多的无机元素。钙占成人体重的1.5%～2.2%，总量为700～1400g。磷占成人体重的0.8%～1.2%，约为400～800g。

（二）钙、磷的生理功能

1. 参与骨骼和牙齿的形成

体内99%的钙和86%的磷以羟磷灰石的形式构成骨盐，参与骨骼和牙齿的形成，极少部分的钙和磷分布于体液和软组织中。

2. Ca^{2+}的生理功能

①作为“第二信使”，调节细胞的功能。②增强心肌收缩，降低神经肌肉的兴奋性。③能降低毛细血管及细胞膜的通透性。④作为酶的辅助因子，参与多种代谢过程。⑤参与血液凝固过程。

3. 磷的生理功能

①参与体内核酸、磷脂、高能磷酸化合物及某些辅酶的组成。②参与物质代谢和氧化磷酸化反应。③构成磷酸盐液缓冲对，在维持机体酸碱平衡中起重要作用。

（三）钙、磷的吸收与排泄

1. 钙的吸收与排泄

成人每日需钙量为0.5～1g，钙的吸收是在pH值较低的小肠上段进行的，以十二指肠上段吸收能力为最强。食物中钙的吸收与许多因素有关：①活性维生素D_3是促进钙吸收最重要的因素。②食物中钙的吸收随年龄的增加而下降。③钙盐在肠道的溶解状态对钙的吸收有一定影响。④食物中的草酸等能与钙结合成为不溶性盐，影响钙的吸收。⑤食物中钙与磷的比例为2∶1时钙的吸收最佳。

正常成人每日排出的钙，20%经肾脏排出，80%经肠道排出，严重腹泻时因排钙增多可导致缺钙。血浆中的钙经肾小球滤过，约95%的钙被肾小管重吸收，只有很少的钙随尿排出。

2. 磷的吸收与排泄

磷的吸收较钙容易，因此由于磷的吸收不良而引起缺磷现象少见。但长期口服氢氧化铝凝胶以及食物中有过多的钙、镁离子存在时，容易与磷酸结合，形成不溶性磷酸盐而影响磷的吸收。

磷主要经肾排泄，约占总排出量的70%，另有30%由肠道排出。磷的排出量与血液中磷酸盐浓度成正比，当血液中磷酸盐浓度升高时，肾小管对磷的重吸收减少；若血液中磷酸盐浓度降低，则肾小管对磷的重吸收增加。肾小管的这种调节作用受甲状旁腺素的控制，从而维持血磷浓度的相对恒定。

（四）血钙与血磷

1. 血钙

血液中的钙几乎全部存在于血浆中，因此，血浆中的钙称为血钙。正常成人血钙浓度平均为2.45%。血钙主要以离子钙和结合钙两种形式存在，约各占50%。其中结合钙大部分与清蛋白结合，小部分钙与小分子有机化合物结合成钙盐。由于血浆蛋白结合钙不能透过毛细血管壁，故又称非扩散钙，离子钙和柠檬酸钙可以透过毛细血管壁，则成为可扩散钙。

2. 血磷

血浆中的磷主要以无机磷酸盐的形式存在，正常成人血磷浓度平均为 1.2mmol/L。血磷浓度不如血钙稳定。

3. 血钙与血磷的浓度和数量关系

血钙与血磷保持一定的浓度和数量关系，以 mg/dl 表示浓度单位，[Ca]×[P]=35～40。当乘积大于 40 时，钙磷以骨盐形式沉积于骨骼中；若小于 35，则影响骨组织钙化和成骨作用，甚至会发生骨盐再溶解而产生佝偻病及软骨病。

（五）钙磷代谢的调节

钙磷代谢主要受活性维生素 D、甲状旁腺素、降钙素三者的调节。

1. 活性维生素 D

1,25－二羟维生素 D_3 是维生素的活性形式，是维生素 D_3 经肝、肾两次羟化生成的。1,25－二羟维生素 D_3 的作用主要是促进肠中钙、磷的吸收，使血钙、血磷浓度均增加，为骨骼钙化提供所需的钙和磷，促进成骨作用。

2. 甲状旁腺素

甲状旁腺素是由甲状旁腺主细胞合成和分泌的一种肽类激素，能够促进溶骨作用，抑制成骨作用，使骨组织中的钙盐释放入血液；促进肾小管对钙重吸收和对磷的排泄，使血钙浓度升高，血磷浓度降低。

3. 降钙素

降钙素是由甲状腺滤泡旁细胞合成和分泌的一种肽类激素。降钙素作用部位为骨、肾，能够促进成骨作用，抑制溶骨作用，抑制肾小管对钙、磷的重吸收，使血钙、血磷浓度都降低。

二、镁代谢

1. 镁的分布与含量

镁广泛存在于除脂肪以外的所有动物组织及植物性食品中，因此在一般的饮食条件下，很少会发生镁的缺乏。正常成人体内含镁 20～28g，其中约 60% 以磷酸镁及碳酸镁的形式存在于骨组织中，其余存在于肌肉及肝、肾、脑组织。

2. 镁的吸收与排泄

体内镁代谢平衡主要靠消化道吸收和肾对镁的排泄来调控。人体每天镁的需要量为 0.2～0.4g，主要从谷类和绿叶蔬菜中摄取，在小肠上段吸收。消化液中含有一定量的镁，因此，在某些疾病情况下如长期腹泻、消化道手术或造瘘术后等，如果未及时补充镁，则会出现镁缺乏。

肾是体内镁的主要排泄器官，也是血浆镁水平调节的主要器官。体内的镁 60%～70% 随粪便排出，每日经肾小球滤过的镁总量为 2～2.4g，绝大多数由肾小管重吸收入血，仅有5%～10%随尿排出。高镁膳食或高血镁时，肾对镁的重吸收减少而使尿镁排出增多；而当镁摄入不足时，肾对镁的重吸收加强以保留更多的镁。

3. 镁的生理功能

（1）作为酶的辅助因子或激活剂参与物质代谢。

（2）镁对中枢神经和周围神经系统具有抑制作用。

（3）镁对神经肌肉兴奋性的作用，与钙相同，均具有抑制作用。

（4）镁对心肌的作用，与钙相反，镁可抑制心肌的兴奋性，而钙可兴奋心肌。

（5）镁制剂是良好的抗酸剂，可用于中和胃酸。镁离子在肠道吸收缓慢，能使水分子潴留在肠腔中，因此镁盐在临床上可用作导泻剂。

第五节　微量元素代谢

微量元素是指含量占体重0.01%以下，每日需要量在100mg以下的元素。根据微量元素的生物学作用不同可分为必需微量元素、无害微量元素及有害微量元素。人体内必需微量元素有铁、铜、锰、锌、铬、钴、钼、镍、钒、硅、硒、碘、氟等；无害的微量元素有钛、钡、铌、锆等；有害的微量元素有镉、汞、铅、铝等。随着研究方法和研究内容的不断深入，可能会有更多的微量元素被发现。下面重点介绍几种常见的微量元素。

一、铁

1. 铁的分布与含量

铁在体内分布很广，几乎所有的组织都含有铁。成年男性平均含铁量为50mg/kg体重，女性略低；成年男性铁的需要量约每日1mg，儿童和妊娠期、哺乳期、月经期的妇女每日需铁量略多些。

2. 铁的吸收与排泄

食物中的铁主要在十二指肠及空肠上段吸收，胃酸可促进铁盐溶解，促进铁的吸收。动物性食品中的铁常以血红素铁的形式存在而被吸收。维生素C与谷胱甘肽等能促进铁的吸收，植物中的鞣酸、植酸等能与铁结合成难溶性的铁盐而妨碍铁的吸收。大部分铁随粪便排出。

3. 铁的生理作用

铁作为人体必需的重要元素，主要用于合成血红素，进而合成各种含铁蛋白质，如血红蛋白、肌红蛋白、细胞色素、过氧化氢酶和过氧化物酶等。因此，铁与红细胞的运氧功能、能量代谢及多种物质代谢密切相关。

4. 铁代谢障碍

铁缺乏时可导致贫血，红细胞的再生或成熟障碍会发生再生障碍性贫血及巨幼红细胞性贫血；铁进入人体过多会引起铁过多症。

临床检验中，血清铁增高常见于再生障碍性贫血、巨幼红细胞性贫血、溶血性贫血、血色素沉着病、急性肝炎早期等；血清铁降低常见于缺铁性贫血、出血性贫血、慢性感染、恶性肿瘤等。

二、锌

锌是体内含量仅次于铁的微量元素。正常成人体内含锌 2~2.5g。锌主要在十二指肠和空肠被吸收，锌进入毛细血管后由血浆运输至肝及全身，分布于人体各组织器官中，体内锌以视网膜、前列腺及胰腺中浓度最高。头发中锌的含量常作为人体内锌含量的指标。

锌与多种酶的合成和活性有关，在代谢中起着重要作用。锌能增强免疫力，具有抗氧化、抗衰老、抗癌作用，还可以促进机体生长发育。缺锌会导致创伤组织的愈合困难，性器官发育不全或减退，生长发育不良，儿童出现缺锌性侏儒症。

三、铜

正常成人体内含铜 100~200mg，人体对铜的日需要量为 1.5~2.0mg。铜主要在十二指肠和小肠上段被吸收，吸收后运至肝脏。80%的铜经胆汁排出，其余由肠壁、尿液和皮肤排泄。

铜在体内参与许多酶的构成，从而实现其生理功能。铜还可以影响铁的吸收，促进 Fe^{3+} 还原成 Fe^{2+}，增强小肠对铁的吸收，加速血红蛋白及铁卟啉的合成，从而促进幼稚红细胞的成熟，维持正常的造血功能。

四、氟

正常成人含氟量约为 2.6g，主要存在于骨和牙齿中。氟对骨、牙的形成有重要作用，可增加骨硬度和牙齿的耐酸蚀能力。氟缺乏时易发生龋齿。正常人每日从水和食物中摄取氟约 2mg，氟过量常引起氟中毒而使牙齿呈斑釉状。

五、碘

正常人体内含碘量为 20~50mg。碘主要从食物中摄入，以消化道吸收为主，吸收后的碘有 70%~80%被甲状腺细胞储存和利用，其余分布在血浆、肾上腺、皮肤、肌肉、卵巢和胸腺等处。碘主要通过肾排泄，其余可由汗腺、乳腺、唾液腺和胃腺分泌排出。

碘主要用于甲状腺激素 T_3、T_4 的合成。成人缺碘，可引起单纯性甲状腺肿，常见于土壤及水中缺碘地区。胎儿或新生儿缺碘，可影响个体智力发育，表现于智力、体力发育迟缓。

同步训练

1. 以细胞膜为界，体液可分为细胞内液和细胞外液。细胞内液约占体重的________，细胞外液约占体重的________。其中血浆约占体重的________，细胞间液约占体重的________。

2. 血钙与血磷浓度乘积为________。若小于35，则影响骨组织钙化和成骨作用，发生骨盐再溶解而产生佝偻病及软骨病。

3. 简述水的生理功能和来源与去路。

4. 简述无机盐的生理功能。

5. 影响血浆钙磷浓度的因素有哪些？

第十章　酸碱平衡

知识要点

熟悉酸碱平衡的调节及酸碱平衡失常的分类；了解体内酸性物质和碱性物质的来源。

机体正常的代谢反应和生理活动都是依赖于体液恒定的酸碱环境。正常人体各部分体液的 pH 值略有差异，细胞内液 pH 值为 7.0，细胞外液的 pH 值稍高，血浆 pH 值平均为 7.4。在生命活动中，虽然机体不断摄入或生成酸性物质或碱性物质，但是机体能通过血液、肺和肾的调节，排出过多的酸性或碱性物质，使体内的 pH 值保持在稳定范围，这种调节过程称为酸碱平衡。

第一节　体内酸性和碱性物质的来源

体液中的酸性或碱性物质主要是细胞内物质在分解代谢过程中产生的，也有一部分是来自于食物或药物，但量不多，在普通膳食条件下，酸性物质产生量远远超过碱性物质。

一、酸性物质的来源

体内的糖、脂肪、蛋白质及以它们为主要成分的食物在细胞内进行氧化分解过程中产生大量的酸性物质，分为挥发酸和固定酸。

1. 挥发酸

糖、脂肪、蛋白质在分解代谢中，氧化生成 CO_2 和 H_2O，二者可结合生成碳酸（H_2CO_3）。H_2CO_3 在肺部重新分解出 CO_2 而呼出体外，故将 H_2CO_3 称为挥发酸。

组织细胞代谢产生的 CO_2 的量是相当可观的，正常成人在安静状态下每天可产生 300～400L，如果全部与 H_2O 生成 H_2CO_3，可释放 15mmol 左右的 H^+，成为体内酸性物质的主要来源。运动和代谢率增加时 CO_2 生成量显著增加。

2. 固定酸

这类酸性物质不能变成气体由肺呼出，而只能通过肾由尿酸排出，所以又称非挥发酸，主要来自三大物质代谢产生的酸性物质。如蛋白质分解代谢产生的硫酸、磷酸和尿酸；糖酵解生成的甘油酸、丙酮酸和乳酸，糖氧化过程生成的三羧酸；脂肪代谢生成的羟丁酸和乙酰乙酸等。机体摄入的酸性食物，或服用酸性药物等，成为酸性物质的另一来源。一般情况下，固定酸的主要来源是蛋白质的分解代谢，因此，体内固定酸的生成量与食物中蛋白质的摄入量成正比。

二、碱性物质的来源

体内碱性物质主要来自于蔬菜、水果中的有机酸盐，如柠檬酸盐、苹果酸盐和草酸盐等，其有机酸部分可彻底氧化生成 CO_2 和 H_2O，而 Na^+ 或 K^+ 则可与 HCO_3^- 结合生成碱性盐。体内代谢过程中也可产生碱性物质，如氨基酸脱氨基所产生的氨，这种氨经肝代谢后生成尿素，故对体液的酸碱度影响不大。肾小管上皮细胞可通过泌氨以中和原尿中的 H^+。人体碱的生成量与酸相比少得多。

第二节　酸碱平衡的调节

尽管机体在正常情况下不断生成和摄取酸性或碱性物质，但血液 pH 值却不发生显著变化，这是由于机体对酸碱负荷有强大的缓冲能力和有效的调节功能，保持了酸碱的稳态。机体对酸碱平衡的调节，主要通过血液的缓冲以及肺和肾对酸碱平衡的调节来实现。

一、血液的缓冲作用

血液的缓冲系统由弱酸（缓冲酸）及其相对应的缓冲碱组成，血液的缓冲系统主要有碳酸氢盐缓冲系统、磷酸盐缓冲系统、血浆蛋白缓冲系统、血红蛋白和氧合血红蛋白缓冲系统五种（表9-1、9-2）。

表9-1　全血的五种缓冲系统

缓冲酸	缓冲碱
H_2CO_3	$HCO_3^- + H^+$
H_3PO_4	$HPO_4^{2-} + H^+$
HPr	$Pr^- + H^+$
HHb	$Hb^- + H^+$
$HHbO_2$	$HbO_2^- + H^+$

表9-2　全血各缓冲体系的含量与分布

缓冲体系	占全血缓冲体系比例（%）
血浆 HCO_3^-	35
细胞内 HCO_3^-	18
HbO_2 及 Hb	35
磷酸盐	5
血浆蛋白	7

当 H^+ 过多时，反应向左移动，使 H^+ 的浓度不至于发生大幅度的增高，同时缓冲碱的浓度减低；当 H^+ 减少时，反应向右移动，使 H^+ 的浓度得到部分的恢复，同时缓冲碱的浓度增加。

血浆中以碳酸氢盐缓冲体系最为重要，是缓冲固定酸和碱的主要成分。碳酸氢盐缓冲系统的特点是：①可以缓冲所有的固定酸，不能缓冲挥发酸。②缓冲能力强，是细胞外液含量最高的缓冲系统，含量占血液缓冲总量的二分之一以上。本系统可进行开放性调节，碳酸能和体液中溶解的 CO_2 取得平衡而受呼吸的调节。③缓冲潜力大，能通过肺和肾对 HCO_3^- 和 H_2CO_3 的调节使缓冲物质易于补充和排出。

碳酸氢盐缓冲系统不能缓冲挥发酸，挥发酸的缓冲主要靠非碳酸氢盐缓冲系统，特别是氧合血红蛋白缓冲系统。

二、肺在酸碱平衡中的调节作用

肺在酸碱平衡中的调节作用是通过改变 CO_2 的排出量来调节血浆碳酸（挥发酸）浓度，使血浆中 HCO_3^- 和 H_2CO_3 比值接近正常，以保持 pH 值相对恒定。肺的这种调节发生迅速，数分钟内即可达高峰。呼吸运动的调节是通过中枢和外周两方面进行的。

肺泡通气量是受延髓呼吸中枢控制的，呼吸中枢接受来自中枢化学感受器和外周化学感受器的刺激。由于呼吸中枢化学感受器对 $PaCO_2$ 变动非常敏感，所以呼吸能调节 $PaCO_2$，$PaCO_2$ 升高虽不能直接刺激中枢化学感受器，但可以通过改变脑脊液和脑间质液中的 pH 值使 H^+ 增加，刺激中枢化学感受器，从而兴奋呼吸中枢，明显增加肺的通气量。当 PaO_2、pH 值降低，$PaCO_2$ 升高，刺激外周化学感受器（位于颈动脉体和主动脉体），引起呼吸加深加快，增加 CO_2 排出量。但 PaO_2 过低对呼吸中枢的直接效应是抑制效应。由于血液中 H^+ 不易通过血脑屏障，外周化学感受器 pH 值的变化也不及中枢化学感受器敏感，所以 pH 值降低或 $PaCO_2$ 升高时，主要是通过延髓中枢化学感受器感受。

三、组织细胞在酸碱平衡中的调节作用

机体大量的组织细胞内液也是酸碱平衡的缓冲池，细胞的缓冲作用主要是通过离子交换进行的，血细胞、肌细胞和骨组织等均能发挥此作用。如 H^+-K^+、H^+-Na^+、Na^+-K^+ 交换以维持电中性，当细胞外液 H^+ 过多时，H^+ 弥散入细胞内，而 K^+ 从细胞内移出，反之，细胞外液 H^+ 过少时，H^+ 由细胞内移出，K^+ 从细胞外移入，所以在酸中毒时，往往伴有高钾血症，碱中毒时可伴有低钾血症。$Cl^--HCO_3^-$ 的交换也很重要，因为 Cl^- 是可以自由交换的阴离子，当 HCO_3^- 升高时，它的排出只能由 $Cl^--HCO_3^-$ 交换来完成。

四、肾脏在酸碱平衡中的调节作用

机体在代谢过程中产生大量的酸性物质，需要不断消耗 $NaHCO_3$ 和其他碱性物质来中和，因此，如果不及时补充碱性物质和排出多余的 H^+，血液 pH 值就会发生变动。肾脏主要通过重吸收与再生 $NaHCO_3$ 以及排出过多的酸来调节血液的 pH 值，这种调节作用是通过肾小管细胞的泌氢、泌氨、泌钾及重吸收钠来实现的。

$NaHCO_3$ 可自由通过肾小球，肾小球滤液中 $NaHCO_3$ 含量与血浆相等，其中 85% ~ 90% 在近曲小管被重吸收，其余部分在远曲小管和集合管被重吸收。正常情况下，随尿液排出体外的 $NaHCO_3$ 仅为滤出量的 0.1%，几乎无 $NaHCO_3$ 丢失。肾对酸碱的调节主要是通过肾小管细胞的活动来实现的。肾小管上皮细胞在不断分泌 H^+ 的同时，将肾小球

滤过的 $NaHCO_3$ 重吸收入血，防止细胞外液 $NaHCO_3$ 的丢失。如仍不足以维持细胞外液 $NaHCO_3$ 浓度，则通过磷酸盐的酸化和泌 NH_4^+ 生成新的 $NaHCO_3$ 以补充机体的消耗，从而维持血液 HCO_3^- 浓度的相对恒定。如果体内 HCO_3^- 含量过高，肾脏可减少 $NaHCO_3$ 的生成和重吸收，使血浆 $NaHCO_3$ 浓度降低。血液 pH 值降低，血钾、血氯降低，有效循环血量降低，醛固酮升高，及碳酸酐酶活性增强时，肾小管泌 H^+ 和重吸收 HCO_3^- 增多。

在上述四个方面的调节中，血液缓冲系统反应最迅速，一旦有酸性或碱性物质入血，缓冲物质就立即与其反应，将强酸或强碱中和转变为弱酸或弱碱，同时缓冲系统自身被消耗，故缓冲作用不易持久；肺的调节作用效能大，也很迅速，在几分钟内开始，但不能缓冲固定酸；细胞内液的缓冲作用强于细胞外液，约 2～4 小时后才发挥调节作用，通过细胞内外离子的转移来维持酸碱平衡，但可引起血钾浓度的改变；肾脏调节作用发挥最慢，常在酸碱平衡紊乱发生后 12～24 小时发挥作用，但效率高，作用持久，对排出非挥发酸及保留 $NaHCO_3$ 有重要作用。此外，肝脏可通过尿素的合成清除调节酸碱平衡，骨骼的钙盐分解有利于酸碱的缓冲。

第三节 酸碱平衡紊乱的类型及判断

在正常生理活动中，每天都会有一定量的酸性或碱性物质进入体内，而且无论是在量上还是在时间上都不均衡，尽管如此，正常情况下人体血液 pH 值能够恒定地维持在 7.35～7.45 之间，这依赖于人体的一整套酸碱平衡调节机制，即使在疾病情况下，一般也不易发生酸碱平衡紊乱。只有在严重情况下，体内酸性或碱性物质过多或过少，超出机体的调节能力或者肺和（或）肾功能障碍使调节酸碱平衡的能力降低时，可使血浆中 HCO_3^- 与 H_2CO_3 的浓度及其比值发生变化而导致酸碱平衡紊乱。酸碱平衡紊乱是临床常见的症状，各种疾病均有可能出现此症状。

一、酸碱平衡紊乱分类

酸碱平衡紊乱又称酸碱平衡失调，按起因不同可分代谢性酸碱平衡失调与呼吸性酸碱平衡失调两大类。由于血浆中 $NaHCO_3$ 含量原发性减少或增加而引起的酸碱平衡失调，分别称为代谢性酸中毒或代谢性碱中毒；由于肺部呼吸功能异常导致 H_2CO_3 含量原发性增加或减少而引起的酸碱平衡失调，则分别称为呼吸性酸中毒或呼吸性碱中毒。

发生酸碱平衡紊乱后，机体通过缓冲体系的缓冲作用以及肺与肾的调节作用，使血液中 $[HCO_3^-]/[H_2CO_3]$ 的比值保持在 20/1，血液 pH 值维持在 7.35～7.45，这种情况临床上称为代偿性酸碱平衡失调。如果病情严重，超出了机体能够调节的限度，尽管机体已发挥了对酸碱平衡的调节作用，仍不能使血液 $[HCO_3^-]/[H_2CO_3]$ 的比值保持在 20/1，会使血液 pH 值 > 7.45 或 pH 值 < 7.35，这种情况下称为失代偿性酸碱平衡失调。

根据酸碱平衡紊乱发生原因及其产生机制不同，可将酸碱平衡紊乱大体上分为代谢性酸中毒、代谢性碱中毒、呼吸性酸中毒、呼吸性碱中毒。

1. 代谢性酸中毒

是指细胞外液 H^+ 增加和（或）HCO_3^- 丢失而引起的以血浆 HCO_3^- 减少为特征的酸碱平衡紊乱。其主要原因有：体内酸性物质增多，如缺氧时乳酸增多，饥饿或糖尿病时酮酸增多；尿毒症时肾排酸和重吸收 HCO_3^- 减少；碱性消化液丢失过多等。

当酸性物质在体内产生过多时，首先由 $NaHCO_3$ 进行缓冲，生成固定酸的钠盐和 H_2CO_3。此缓冲作用的结果是消耗血浆中的 HCO_3^-，同时 CO_2 生成增多，PCO_2 升高，刺激呼吸中枢兴奋，引起呼吸加深加快，CO_2 排出增多，血浆 H_2CO_3 浓度降低，以适应 $NaHCO_3$ 的减少，从而在低水平维持［HCO_3^-］/［H_2CO_3］的比值在20/1，pH值恢复到正常水平，此即为代偿性代谢性酸中毒。

血液中酸性物质增多时，可使肾远曲小管的 H^+-Na^+ 交换增强，泌 NH_3 增多，以排出过多的酸，从而彻底地调节和恢复血浆pH值及 HCO_3^- 浓度。但肾发挥调节作用较晚，常需数小时到数天时间。如果酸性物质继续增加，超过肺和肾的调节能力，造成 HCO_3^- 较少超过 H_2CO_3 的减少，［HCO_3^-］/［H_2CO_3］比值 $< 20/1$，血浆pH值 < 7.35，此即为失代偿性代谢性酸中毒。

代谢性酸中毒的特点是：血浆 $NaHCO_3$ 浓度降低，血浆 H_2CO_3 浓度也相应降低。

2. 呼吸性酸中毒

呼吸性酸中毒是由于肺部疾病、呼吸中枢抑制以及呼吸肌麻痹等原因引起的呼吸功能障碍，CO_2 呼出不畅，使血浆 H_2CO_3 浓度原发性升高。

当血浆 PCO_2 及 H_2CO_3 浓度升高时，肾加强 H^+-Na^+ 交换，肾小管泌 H^+、泌 NH_3 作用增强，$NaHCO_3$ 重吸收增多，结果导致血浆 $NaHCO_3$ 浓度相应地继发性升高，如果［HCO_3^-］/［H_2CO_3］比值仍能维持在20/1，pH值仍在正常范围内，则称为代偿性呼吸性酸中毒。但当 H_2CO_3 浓度过高，超出机体的代偿能力时，虽经过肾的调节，但［HCO_3^-］/［H_2CO_3］的比值仍变小，血浆pH值 < 7.35，称为失代偿性呼吸性酸中毒。

呼吸性酸中毒的特点：血浆 H_2CO_3 浓度升高，$NaHCO_3$ 浓度也少有升高。

3. 代谢性碱中毒

代谢性碱中毒是由于各种原因使碱性物质在体内积蓄过多或酸性物质大量丢失，造成体内 HCO_3^- 增多，血浆pH值有升高趋势，这一现象称为代谢性碱中毒。如强烈呕吐使固定酸丢失过多、治疗溃疡服用碱性物质过多导致 $NaHCO_3$ 原发性增多等。另外，Cl^- 大量丢失，可导致肾近曲小管对 $NaHCO_3$ 重吸收增多，形成低氯性碱中毒。而低钾患者由于肾排 K^+ 保 Na^+ 能力减弱，而排 H^+ 保 Na^+ 能力加强，Na^+ 重吸收增多，亦可出现代谢性碱中毒。

当血浆 $NaHCO_3$ 浓度升高时，血浆pH值升高，可抑制延髓呼吸中枢，使呼吸变浅变慢，呼出 CO_2 减少，血浆 H_2CO_3 浓度升高；同时，肾小管上皮细胞泌 H^+ 和泌 NH_3 作用减弱，增加 $NaHCO_3$ 的排出。这样，血浆［HCO_3^-］/［H_2CO_3］的比值仍可接近20/1，血浆pH值就维持在正常范围内，称为代偿性代谢性碱中毒。

但肾对代谢性碱中毒的调节作用主要由体内 K^+、Cl^- 水平决定，当低钾或低氯血症时，肾仍保持对 $NaHCO_3$ 重吸收，而不能充分发挥对碱中毒的代偿作用。如果病情进一步发展，超出机体代偿能力时，血浆［HCO_3^-］/［H_2CO_3］的比值增大，pH 值也随之升高至 7.45 以上，称为失代偿性代谢性碱中毒。

代谢性碱中毒的特点是：血浆 $NaHCO_3$ 的浓度升高，H_2CO_3 的浓度也稍有升高。

4. 呼吸碱中毒

呼吸性碱中毒是由各种原因导致的肺换气过度，CO_2 呼出过多，使血浆 H_2CO_3 浓度原发性降低而造成的。

当血浆 PCO_2 及 H_2CO_3 浓度降低时，可使肾小管上皮细胞泌 H^+ 作用减弱，$NaHCO_3$ 重吸收减少，结果导致血浆 $NaHCO_3$ 浓度相应地继发性降低，使［HCO_3^-］/［H_2CO_3］的比值维持在 20/1，血液 pH 值仍维持在正常范围之内，称为代偿性呼吸性碱中毒。

当血浆 H_2CO_3 浓度过低，通过代偿血浆的［HCO_3^-］/［H_2CO_3］的比值仍然增大，pH 值随之升高至 7.45 以上，称为失代偿性呼吸性碱中毒。

呼吸性碱中毒的特点是：血浆 PCO_2 及 H_2CO_3 浓度降低，血浆 $NaHCO_3$ 的浓度也相应降低。

二、血气分析在酸碱平衡紊乱中的应用

血气是指血液中所含的氧气和二氧化碳气体，血液 pH 值与血气密切相关。血气分析参数与酸碱平衡指标是临床上一组重要的生物化学指标，在指导各种原因导致的酸碱平衡失调的判断、呼吸衰竭患者的诊疗以及各种严重患者的监护和抢救中都具有十分重要的意义。其主要检测指标如下：

1. pH 值和 H^+ 浓度

pH 值是指溶液内 H^+ 浓度的负对数。pH 值 7.35～7.45，平均 7.4。Henderson－Hasselbalch 方程式：$pH = pK_a + lg$［HCO_3^-］/［H_2CO_3］。可以看出 pH 值或 H^+ 主要取决于 HCO_3^- 与 H_2CO_3 的比值。pH 值正常可出现在三种情况：①酸碱平衡正常。②代偿性酸碱平衡紊乱。③酸与碱中毒并存。

2. 动脉血 CO_2 分压

二氧化碳分压（PCO_2）是指物理溶解在血浆中的 CO_2 分子所产生的压力（张力）（相当于肺泡气 CO_2 分压），正常值为 33～46mmHg。$PaCO_2 > 46mmHg$，说明 CO_2 潴留，通气不足，多见于呼吸性酸中毒或代偿后代谢性碱中毒。$PaCO_2 < 33mmHg$，说明 CO_2 排出过多，通气过度，多见于呼吸性碱中毒或代偿后的代谢性酸中毒。

3. 氧分压

氧分压（PO_2）是指物理溶解在血液中的 O_2 所产生的张力，正常体内物理溶解的氧，100ml 仅占 0.3ml，因而体内氧的需要主要来自于血红蛋白结合的氧。肺通气和换气功能障碍可造成血 PO_2 下降，PO_2 是缺氧的敏感指标。如动脉血氧分压低于 55mmHg，常见于呼吸功能衰竭，低于 30mmHg 时可危及生命。

4. 标准碳酸氢盐和实际碳酸氢盐

标准碳酸氢盐（SB）是血液在标准状况下（38℃，血红蛋白完全氧合，PCO_2 为

40mmHg）测得的血浆中 HCO_3^- 浓度，为判断代谢性因素影响的指标。正常值为 22～27mmol/L，平均 24mmol/L。实际碳酸氢盐（AB）是血浆中 HCO_3^- 的实际含量，正常值为 22～27mmol/L，平均 24mmol/L。AB 和 SB 的关系：正常人 AB = SB = 24mmol/L。

二者都低，表明代谢性酸中毒；两者都高，表明代谢性碱中毒；SB 正常，AB > SB，表明有 CO_2 蓄积，可见于呼吸性酸中毒，反之，见于呼吸性碱中毒。

5. 缓冲碱（BB）

指血中具有缓冲作用的碱质总和。正常值 50 ± 5mmol/L。BB 全面反映体内中和固定酸的能力，也是反映代谢性因素的指标。BB 减少，可见于代谢性酸中毒，反之，见于代谢性碱中毒。

6. 碱剩余（BE）

用酸或碱滴定血标本 1L，使其 pH 值为 7.4，需用酸或碱的量称为碱剩余（BE）。

正常值：0 ± 3mmol/L。BE 不受呼吸因素影响。用酸，碱剩余，正值表示；用碱，碱缺失，负值表示。BE 可由全血 BB 和 BB 正常值（NBB）算出：BE = BB - NBB = BB - 48。

以上六个指标 pH 值、$PaCO_2$、SB、AB、BB、BE 分别代表汉－哈二氏方程式的三个参数。

三、酸碱平衡紊乱的判断

评价血液酸碱平衡状态的指标较多，主要指标是 pH 值、PCO_2、BE（或 AB）三项。缺氧及肺通气状况的判断主要依靠 PO_2 及 PCO_2。其他检测指标如血清电解质、糖、乳酸、酮体等的变化以及肾、肺功能的改变等也对血气分析结果判断有较大帮助。对于酸碱平衡失调的实验室诊断，主要依赖血气分析检测的系列指标（表 9－3）。

表 9－3 酸碱平衡失调血气分析指标的变化

类型		pH	PCO_2（kPa）	AB（mmol/L）	BB（mmol/L）	BE（mmol/L）
正常		7.35～7.45	4.67～6.00	22～27	40～44	－3～＋3
代谢性酸中毒	代偿	不变	代偿性减少	减少	减少	负值降低
	失代偿	< 7.35	减少	显著减少	显著减少	负值降低
呼吸性酸中毒	代偿	不变	增多	代偿性增多	不变	正值增加
	失代偿	< 7.35	显著增多	增多	不变	正值增加
代谢性碱中毒	代偿	不变	代偿性增多	增多	增多	正值增加
	失代偿	> 7.45	增多	显著增多	显著增多	正值增加
呼吸性碱中毒	代偿	不变	减少	代偿性减少	不变	负值降低
	失代偿	> 7.45	显著减少	减少	不变	负值降低

同步训练

1. 酸性物质主要来源于________物质，可分为________和________。
2. ________是血浆中最为重要的缓冲体系，是缓冲固定酸和碱的主要成分。
3. 肺是通过________来调节酸碱平衡的。
4. 肾通过重吸收与再生________来调节血液的 pH 值。
5. 酸碱平衡紊乱可分________酸碱平衡失调与________酸碱平衡失调两大类。

实　验

实验一　酶的特异性及影响酶促反应速度的因素

【目的】

通过实验，验证酶对底物催化的专一性，并观察温度、pH 值、激活剂、抑制剂对酶促反应的影响。

【原理】

淀粉酶能专一地催化淀粉水解，生成一系列水解产物，即糊精、麦芽糖、葡萄糖等。它们遇碘呈现不同的颜色，淀粉遇碘变蓝色，糊精遇碘则根据其分子量的大小依次呈现紫色、褐色、红色，而麦芽糖、葡萄糖遇碘不呈色。通过颜色变化，可以了解淀粉酶在不同条件下水解淀粉的程度，以观察温度、pH 值、激活剂、抑制剂对酶促反应速度的影响。

【器材】

恒温水浴箱、沸水浴箱、试管、试管架等。

【试剂】

1. 1% 淀粉溶液。
2. 1% 蔗糖溶液。
3. 稀释新鲜唾液。
4. pH6.8 缓冲液。
5. pH4.8 缓冲液。
6. pH8.0 缓冲液。
7. 班氏试剂。
8. 1% NaCl 溶液。
9. 1% $CuSO_4$ 溶液。
10. 1% Na_2SO_4 溶液。

【实践步骤】

（一）酶的专一性

1. 取三支试管，编号，按下表操作：

试剂（滴）	1号管	2号管	3号管
pH 6.8 缓冲液	20	20	20
1%淀粉溶液	10	10	-
1%蔗糖溶液	-	-	10
稀释新鲜唾液	5	-	5

2. 混匀，置37℃水浴箱保温10分钟，然后向各管中加入班氏试剂20滴，放入沸水浴中煮沸，观察并分析结果。

（二）温度对反应速度的影响

1. 取三支试管，编号，按下表操作：

试剂（滴）	1号管	2号管	3号管
pH 6.8 缓冲液	20	20	20
1%淀粉溶液	10	10	10
稀释新鲜唾液	5	5	5
稀碘液	1	1	1

2. 将1、2、3管分别置于0℃、37℃、100℃水浴箱中保温10～15分钟，观察并分析结果。

（三）pH值对反应速度的影响

1. 取三支试管，编号，按下表操作：

试剂（滴）	1号管	2号管	3号管
pH 4.8 缓冲液	20	-	-
pH 6.8 缓冲液	-	20	-
pH 8.0 缓冲液	-	-	20
1%淀粉溶液	10	10	10
稀释新鲜唾液	5	5	5
稀碘液	1	1	1

2. 将各管混匀，置于37℃水浴箱中保温5～10分钟，观察并分析结果。

（四）激活剂、抑制剂对反应速度的影响

1. 取四支试管，编号，按下表操作：

试剂（滴）	1号管	2号管	3号管	4号管
1%淀粉溶液	20	20	20	20
1% NaCl溶液	2	–	–	–
1% $CuSO_4$溶液	–	2	–	–
1% Na_2SO_4溶液	–	–	2	–
蒸馏水	–	–	–	2
稀释新鲜唾液	10	10	10	10

2. 将各管混匀，置于37℃水浴箱中保温。

3. 5～10分钟后，从1号管取出1滴液体加入瓷反应板，加碘液1滴，当出现淡黄色或无色时，将4支试管一并取出，各加1滴稀释碘液，摇匀后观察颜色的改变，并说明激活剂、抑制剂对反应速度的影响。

【思考题】

观察实验结果，并结合本实验说明温度、pH值、激活剂、抑制剂对酶促反应速度的影响。

实验二　肝中酮体的生成作用

【目的】

通过实验证明肝中酮体的生成作用。

【原理】

利用丁酸作为底物，与新鲜肝匀浆（含有肝组织中的酮体生成酶系）混合后保温，即有酮体生成。酮体中的乙酰乙酸和丙酮可与显色粉中的亚硝基铁氰化钠起反应，生成紫红色化合物。

$$\text{丁酸}\xrightarrow[\text{肝匀浆}]{\text{酮体生成酶系}}\text{酮体}\xrightarrow[\text{显色粉}]{\text{亚硝基铁氰化钠}}\text{紫红色化合物}$$

经同样处理的肌肉匀浆不产生酮体，因此无显色反应。

【器材】

试管、试管架、滴管、匀浆器或研钵、恒温水浴箱、离心机或小漏斗、白瓷反应

板、解剖器材。

【试剂】

1. 0. 9%氯化钠溶液。

2. 洛克（Locke）溶液：氯化钠 0. 9g，氯化钾 0. 042g，氯化钙 0. 024g，碳酸氢钠 0. 02g，葡萄糖 0. 1g，将上述各试剂混合溶于蒸馏水中，溶解后加水至 100ml，置冰箱储存备用。

3. 0. 5mol/L 丁酸溶液：取 44. 0g 丁酸溶于 0. 1mol/L 氢氧化钠溶液中，溶解后用 0. 1mol/L 氢氧化钠稀释至 1000ml。

4. pH 7. 6 磷酸缓冲液（1/15mol/L）：量取 1/15mol/L 磷酸氢二钠溶液 86. 8ml 和 1/15mol/L磷酸二氢钠溶液 13. 2ml 混合即可。

5. 15%三氯醋酸溶液。

6. 显色粉：亚硝基铁氰化钠 1g，无水碳酸钠 30g，硫酸铵 50g，混合后研碎。

【操作】

1. 肝匀浆和肌匀浆的制备：取小鼠 1 只，断头处死，迅速剖腹取出肝和肌肉，剪碎后分别放入匀浆器中，加入生理盐水（重量∶体积比为 1∶3），制备成匀浆（或在研钵内充分研磨成匀浆）。

2. 取四支试管，编号后按下表加入各种试剂：

试剂（滴）	1 号管	2 号管	3 号管	4 号管
洛克溶液	15	15	15	15
0. 5mol/L 丁酸	30	–	30	30
pH 7. 6 磷酸缓冲液	15	15	15	15
肝匀浆	20	20	–	–
肌匀浆	–	–	–	20
蒸馏水	–	30	30	

3. 将各管摇匀，放置于 37℃恒温水浴箱中保温 40 分钟。

4. 取出各管，分别加入 15%三氯醋酸 20 滴，混匀后用离心机离心 5 分钟（3000 转/分）。

5. 用滴管吸取上列四支试管的滤液（或上清液）各 10 滴，分别放置白瓷反应板的 4 个凹孔中，然后向各凹孔内加显色粉 0. 1g（约 1 小匙），观察所产生的颜色反应。

【思考题】

分析上述实验结果，说明酮体生成和利用部位。

实验三　血清谷丙转氨酶的测定（赖氏法）

【目的】

掌握血清谷丙转氨酶活性测定的基本原理，熟悉其具体操作方法，理解临床意义。

【原理】

丙氨酸与α－酮戊二酸在血清谷丙转氨酶（ALT）的催化下，生成丙酮酸和谷氨酸，丙酮酸与2，4－二硝基苯肼作用，生成丙酮酸－2，4－二硝基苯腙，其在碱性条件下呈棕红色，而且颜色的深浅与酶活性成正比。用分光光度计（波长500～520nm）比色，根据丙酮酸－2，4－二硝基苯腙的吸光度可以计算丙酮酸的含量，进而推算ALT的活性。

【器材】

分光光度计、恒温水浴箱、分析天平、试管、50～250μl可调移液器、刻度吸量管等。

【试剂】

1. 0.1mol/L Na_2HPO_4 溶液：磷酸氢二钠（含2个结晶水）17.8g溶于水中，并加水至1000ml，冰箱内保存。

2. 0.1mol/L KH_2PO_4 溶液：磷酸二氢钾13.6g溶于水中，并加水至1000ml，冰箱内保存。

3. 0.1mol/L pH7.4 磷酸盐缓冲液：将0.1mol/L Na_2HPO_4 溶液420ml和0.1mol/L KH_2PO_4 溶液80ml混匀，加氯仿数滴，置冰箱内保存。

4. 底物缓冲液（α－酮戊二酸2mmol/L，DL－丙氨酸200mmol/L）：精确称取1.79g DL－丙氨酸和29.2mg α－酮戊二酸，先溶于50ml 0.1mol/L磷酸盐缓冲液中，用1mol/L NaOH（约0.5ml）调节到pH 7.4，再加0.1mol/L磷酸盐缓冲液至100ml，置冰箱内保存，可稳定2周。

5. 1.0mmol/L 2，4－二硝基苯肼溶液：称取19.8mg 2，4－二硝基苯肼，溶于10ml 10mol/L盐酸溶液中，完全溶解后，加蒸馏水至100ml，置棕色玻璃瓶内，室温保存。若有结晶析出，应重新配置。

6. 0.4mol/L NaOH溶液：将16.0g NaOH溶于水中，并加水至1000ml，室温保存。

7. 2mmol/L丙酮酸标准液：精确称取22.0mg丙酮酸（AR），置100ml容量瓶中，加0.05mol/L硫酸至刻度。

8. 谷丙转氨酶基质液（pH 7.4）。

【操作】

在测定前取适量的底物溶液，在37℃的水浴箱内预热5分钟后使用。取两支试管，分别标记为测定管和对照管，按下表进行操作：

加入物（ml）	测定管	对照管
血清	0.1	0.1
底物溶液	0.5	–
混匀后，在37℃水浴箱中保温30分钟		
2，4－二硝基苯肼	0.5	0.5
底物溶液	–	0.5
混匀后，在37℃水浴箱中保温20分钟		
0.4mol/L NaOH	5	5

混匀后，室温放置5分钟，用分光光度计在波长505nm处以蒸馏水调整零点，读取测定管和对照管的吸光度。测定管吸光度减去对照管吸光度后，从标准曲线查得ALT活性单位。

【标准曲线制备】

1. 取五支试管，分别编号为0、1、2、3、4号，制备标准管。按下表操作：

加入物（ml）	0号管	1号管	2号管	3号管	4号管
0.1mol/L 磷酸盐缓冲液	0.10	0.10	0.10	0.10	0.10
2mmol/L 丙酮酸标准液	0	0.05	0.10	0.15	0.20
底物缓冲液	0.50	0.45	0.40	0.35	0.30
酶活力（卡门氏单位）	0	28	57	97	150

2. 各管加入2，4－二硝基苯肼溶液0.5ml，混匀，37℃保温20分钟后加入0.4mol/L NaOH溶液5.0ml。

3. 混匀，放置5分钟后，用分光光度计在波长505nm处以蒸馏水调整零点，读取各管的吸光度。以各管吸光度减去0号管吸光度后所得的差值与对应的卡门酶活性单位作图。

【正常参考值】

血清ALT活性为5～25卡门单位。

【临床意义】

血清ALT的升高常见于：

1. 血清ALT显著增高常见于各种急性肝炎及毒物和药物中毒性肝细胞坏死（如异

烟肼、氯丙嗪、酒精、水杨酸等)。

2. 血清 ALT 中等程度增高常见于肝硬化、肝癌、慢性肝炎及心肌梗死等。

3. 血清 ALT 轻等程度增高常见于阻塞性黄疸、胆管炎、胆囊炎和脂肪肝等。

4. 骨骼肌损伤、多发性肌炎、营养不良等也可以引起血清 ALT 的升高。

【思考题】

1. 简述 ALT 测定的原理和实验条件（最适 pH 值、最适温度、酶促反应的时间等)。

2. 简述测定 ALT 活性的临床意义。

主要参考书目

1. 李慧．生物化学基础．北京：中国医药科技出版社．2011
2. 黄纯．生物化学．北京：中国医药科技出版社．2008
3. 贾弘禔．生物化学．北京：人民卫生出版社．2005
4. 周爱儒．生物化学．第6版．北京：人民卫生出版社．2005
5. 吴梧桐．生物化学．第5版．北京：人民卫生出版社．2003
6. 赖丙森．生物化学．北京：中国医药科技出版社．1996
7. 谢诗占．生物化学．第2版．北京：人民卫生出版社．1996
8. 黄平．生物化学．北京：人民卫生出版社．2004
9. 查锡良．生物化学．第7版．北京：人民卫生出版社．2008
10. 潘文干．生物化学．第6版．北京：人民卫生出版社．2009
11. 高凤琴．生物化学．北京：中国中医药出版社．2006
12. 李萍．生物化学检验．第2版．北京：人民卫生出版社．2008
13. 车龙浩．生物化学．第2版．北京：人民卫生出版社．2009
14. 范明．生物化学．北京：中国医药科技出版社．2013
15. 李月秋．生物化学．第2版．北京：人民卫生出版社．2008
16. 方国强，尹文．生物化学基础．北京：北京大学医学出版社．2010
17. 周新，涂植光．临床生物化学和生物化学检验．第3版．北京：人民卫生出版社．2006
18. 张纯洁．生物化学检验．北京：高等教育出版社．2007
19. 金惠铭，王建枝．病理生理学．第6版．北京：人民卫生出版社．2004
20. 段满乐．生物化学检验．第2版．北京：人民卫生出版社．2011